國防政策與國防報告書

NATIONAL DEFENCE POLICY AND
NATIONAL REPORT

羅慶生◎著

推薦序

在個人的研究領域中，其實與軍訓教育具有相當密切之關係。民國 88 年，本校與教育部軍訓處合辦的「國防教育研討會」中，即曾經發表過一篇討論國防通識教育的論文。論及國防教育、國防共識與國家安全之密切關係。因爲從國家安全與戰略領域的觀點，國民對國防政策的支持極爲重要，尤其我國國防政策原本就以「全民國防」爲主軸，沒有全體國民的支持，國防就有落空的危險。軍訓教育就是當前的國防通識教育，對提昇國民在安全領域的素養，形成對國防決策的支持與要求而言，扮演相當重要的角色。可惜當時雖然以書生報國之意對我國軍訓制度提出興革之見，不過於今視之，落實爲具體政策，顯然還有待吾人更加努力。

多年來，個人的研究一直以延續與發展鈕先鍾老師的戰略思想爲念，以國家安全與戰略領域爲主。有感於我國所面臨外交關係的侷限，兩岸關係的複雜糾葛，對國家生存與發展實有重大衝擊。國家安全其實是刻不容緩的議題，影響層面絕不在經濟與社會生活各層面之下。然而承平日久，顯然並未獲得社會大眾應有的重視，只有在 911 之類事件爆發後，才一窩蜂的感到疑慮與恐慌。國家安全與戰略是高層政治的屬性，自有其專業性，並非政客們可以任意政治性扭曲，更不能用一般的常識來理解。

羅慶生教官就讀本所在職專班時，在國際關係及戰略領域中下了很多功夫。依個人與他教學互動的經驗，可說是教學相長。他以多年的實務經驗結合理論研究，撰就本書，其成果確有可觀之處。《國防政策與國防報告書》雖然是他準備用來教學的教材，但觸及層面之廣、資料之豐、分析之細緻，作爲社會大眾閱讀之國防常識書籍也極爲適合，同時對培養當前國人所亟需的國防共識，也甚有裨益。尤其他依據多年教學經驗，行文儘量力求通俗曉暢，這是一般專業著作所難能比擬之處。特予推薦，乃爲之序。

淡江大學國際事務與戰略研究所 專任副教授

施正權

自序

國防政策的討論是困難又敏感的。因爲國防事物哪些應透明？哪些是機密？見仁見智，完全配合政策考量。國防政策的決策基本上是選擇的問題，以確保安全爲成果，以付出風險爲代價，並無價值判斷可言。但國防政策與資源分配必然掛勾，排擠效應通常會影響某些社群權益，爭議因此難免。簡言之，國防政策的討論通常是政治的，而不是學術的。

但是國防政策的擬定仍有其思維理則，必須符合邏輯。決策者可以決定方向，但執行的細節必須尊重專業。何況任何決策必有其理論基礎，非憑個人一時好惡任意爲之。國防政策是門綜合性學術，不能以常識視之，更不能以幾個簡單的教條爲判準。

筆者基於教學需要，必須探討國防政策。經常遺憾坊間有關國防與安全的論述，不是過於專業，是專家間互相討論的報告；就是過於政治，成爲闡揚個人意識型態的宣傳。國防政策必須獲得全民支持才能發揮功效，尤其是在強調「全民國防」的今天。這表示我們需要一些深入淺出，寫給非專業的社會大眾討論國防政策的書。

長期以來筆者是透過歷年的《國防報告書》爲藍本，教授學子以國防通識。但《國防報告書》只展示現象與成果，不敘述制定的背景與理則。它只說：「我們這樣...這樣...認爲，所以我們準備怎樣...怎樣做」。它不會說：「爲甚麼我們這樣…這樣…認爲？」更不會說:「爲甚麼我們這樣…這樣…認爲，就要怎樣…怎樣做？」

所以本書的撰述從理論性的探討開始，企圖以宏觀角度系統地論述國防政策。儘量減少在實務及細節的探討，因爲那通常是變動不居的短暫現象。而且也可以避免是否爲「機密」的困擾。

但這並不表示對我國防事務的實際沒有著墨，相反的，所有主題都環繞在「我國的」國防政策。只是重點在透過對相關理論的探討，來理解我國防政策形成的思維理則。同時也敘述戰略選擇的理由，嘗試分析各選項的優缺點，但不評論其價值；因爲任何政策選項都有必須冒的風險。我們也必須相信，決策者會採取「理性決策模式」。因爲這是民主制度下人民的選擇。

筆者才疏學淺，視編撰此書是對個人學養的考驗。疏漏之處在所難免，還望各位方家指正。尤其是民國 91 年版的《國防報告書》在將成書之際才公佈；爲補充及修訂資料，在催稿壓力下沒天沒地的寫作，其過程之艱辛非親身經歷者難以體會。

本書撰述期間，多蒙淡江大學國際事務及戰略研究所師長的指導，包括翁師明賢、黃師介正、施師正權、王師高成、曾師復生……，他們有幾位正是 91 年版《國防報告書》的諮詢委員，對我概念的形成厥功至偉。也感謝在職專班學長們的鼓勵，包括林國棟將軍、盧秀燕委員、林海清學長、黃光宗學長、許競任學長、錢文彬學長、曹文忠學長、黃家文學長……，他們的經驗與風範對我個人的啓發良多。當然也要感謝辦公室的同仁們，沒有他們的支持無法成書。包括軍訓室主任凌黔遵將軍、朱旭達主任教官、潘海天學長、安豐雄學長、劉宋福學長、張玉敏學姐、蔡捷文學姐……，再寫下去就是長長的一份清單了。

當然，最要感謝的還是我親愛的老婆 － 李敏；她不僅辛苦的幫我校稿，還免除我許多家庭庶務。如有成就，她是我最大的支持與動力。

羅 慶 生

2002 年 8 月於東吳大學

目錄

第一章

導論

本章討論本書架構，並對相關概念做初步探討。主要圍繞在「國防政策」的概念上。甚麼是「國防政策」？如何產生？應包含哪些主題？我們期望讀者能理解，國防政策不只是抽象概念，它還包括相當具體的內涵。國防政策是指保障國家安全所採取的廣泛行動路線與指導原則，而國防報告書就是闡述國防政策的工具。

國防政策是國家對外部威脅的回應，其產生自有一定的思維程序與理則。不僅受安全環境左右，同時也受國家資源有限的限制。本章透過模式闡述國防政策的產生，並用實例來說明其動態的變化過程。同時，以同樣的模式檢視我國的國防政策。雖然實際的內容將在以下的各章中深入探討，但我們希望在此之前先建立明晰的概念，以便在進一步閱讀時有所幫助。

本書討論國防政策以各版本的《國防報告書》為依據，並非單就某一版本分析。因為從歷史觀點的探討才能理解國防思維轉變的軌跡。因此從81版到91版的國防報告書都是本書探討的標的。

國防政策的概念

甚麼是國防政策？

要討論國防政策，必須從國家安全（National Security）談起。

雖然「國家安全」已演進爲綜合性安全（Comprehensive Security）概念，無論外部威脅或所有影響內部安全的因素，包括族群衝突、國家認同、經濟發展、能源依賴、水電供應、天災地變……等，都含括在國家安全的考量中。但長期以來，外部的軍事威脅仍是影響各國國家安全的最主要因素。爲應付外部的軍事威脅，國家防禦（National defense）的概念於是興起。如何運用國家資源以抵禦外部敵人的可能入侵，就成爲國防政策最原始的概念。

從此一概念看，國防政策應包括兩個面向，一個是外部的軍事威脅，另一個則是內部的回應機制。著名的政治學者杭廷頓（Samuel Huntington）曾指出：

> 國防政策猶如羅馬的兩面神，與國際及國內政治都有密切關係；國防政策觸及國際政經環境所產生的威脅，而以國內或國際環境予以回應。

由此我們可以產生以下的概念：

（一） 國防政策是國家對外部威脅的回應。

（二） 國家根據一定機制回應外部威脅。

（三） 回應方式必須依據國家的內部環境。

由我國官方對「國防政策」的定義更可以進一步闡述這些概念：

國防政策就是政府保障國家安全所採取的廣泛行動路線與指導原則，政府通常綜合運用政治、經濟、心理、軍事力量，以爭取達成國家目標，凡與國家安全發生直接影響作用，而由最高當局經一定程序所決定的政策即為國防政策。[1]

所謂「廣泛行動路線與指導原則」就是指國家回應安全威脅的方式，可以稱之爲「國家安全戰略」。它的內涵包括各種力量的綜合運用，以爭取國家目標的達成。民國 91 年版的《國防報告書》對「國家安全戰略」有了更明確定義：[2]

「國家安全戰略」是藉由匯集政治、經濟、軍事、心理、科技與外交等手段，達成國家目標的全盤途徑或主要計畫。

值得注意的是，外部威脅來源與狀況變動不居，內部的回應同樣隨著環境的更迭而起伏。國防政策其實是一個動態的過程。不僅多面向、多領域，還要考慮時間因素；國防政策在不同時間會有不同面貌。

回應安全威脅的程序每個國家依其制度各自不同，但概念類似。考慮因素、所受限制，基本上也相同。國防政策的產生自有一套思維程序。透過這思唯界定安全威脅、設定國家目標、決定安全戰略……。我們研究國防政策的產生，重點就在這個過程。

國防政策產生的簡單模式

國家依據對外部威脅的研判，為回應此一威脅，最高當局透過一定機制產生國防政策。由以上概念我們可以繪製個「國防政策產生」的簡單模式：

附圖 1-1　　【國防政策產生的簡單模式】

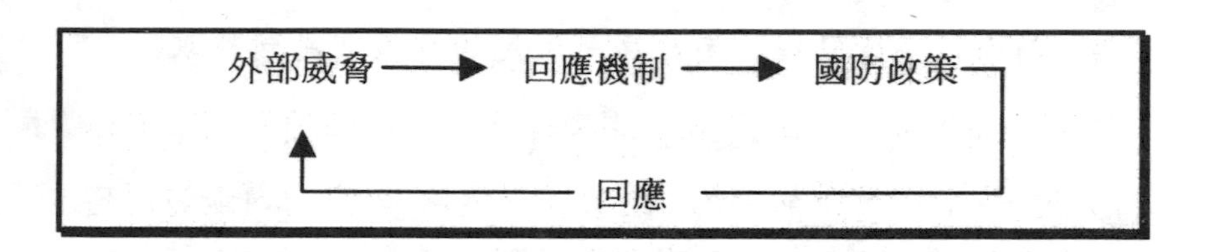

國防政策的產生其實並沒有那麼簡單，這是為了便於理解所繪製的模式。

先談外部威脅。事實上，在愈趨複雜的人類社會中，內、外部因素因彼此愈來愈密切的互動關係而逐漸難以區別。概念雖然明確，但問題出在實際解決問題的措施上。譬如，我們認為「現階段對我國家生存最嚴重之威脅乃為中共武力犯臺」[3]，但受兩岸愈趨密切的經貿關係影響，解決方案會受國內經濟發展的高度牽制；因此，必須有觀照國內經濟發展的配套措施。類似情情況不僅發生在我國，各國都面臨內外因素相互影響的現象。基於此，以「安全環境」的概念替代「外部威脅」較為周延。

在回應機制上，無論國家安全制度如何設計，考慮因素、所受限制與思維程序則都類似，也需要進一步分析。

除此之外，國防政策以安全戰略爲主體，內涵上雖然包括政治、經濟、心理、軍事力量的綜合運用，但仍以軍事戰略爲核心。軍事戰略思維的主軸則是另一個重點。這表示要進一步理解國防政策的產生需要一個更精確的模式。巴特雷特（Henry C. Bartlett）模式就是個相當好用的有效模式。[4]

巴特雷特模式

附圖 1-2　　【巴特雷特模式】

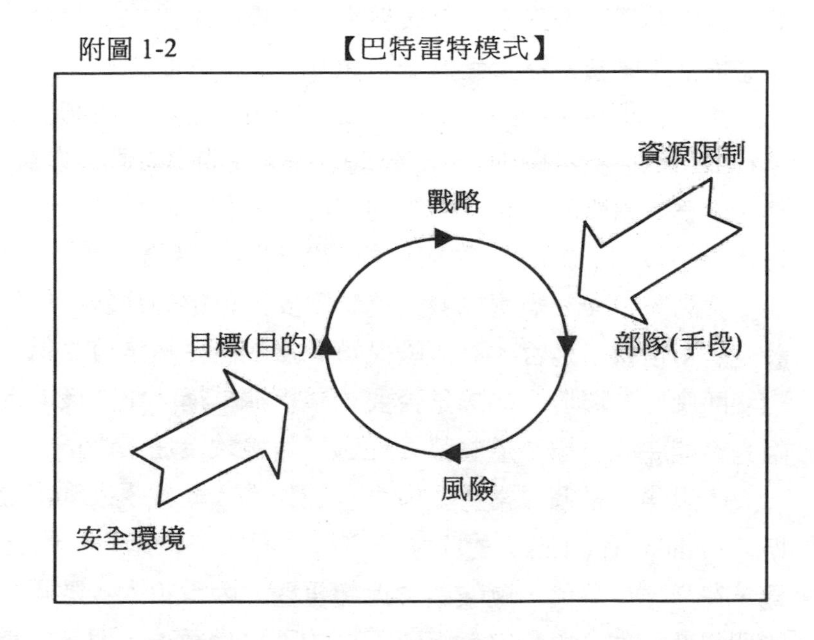

在這個模式中，列舉兩個影響國防政策產出的主要因素，一個是安全環境，另一個資源限制。

所謂安全環境，就是指國家外部及內部政經環境的安全面向。國家分析安全環境，判斷安全威脅，產生國家目標。

列舉國家目標的原因，就是因爲受到資源限制。安全威脅型態極多。從外敵入侵到國內災變，國家可能面臨各式各樣的安全威脅。而國家資源有限，沒有能力把所有可能威脅皆等量齊觀，必須有效率地運用。國家目標的設定就是設定優先順序。這是非常重要的工作，因爲如果判斷錯誤，就可能因爲資源誤用而導致真正的危險。譬如美國在 911 恐怖攻擊事件前，並非沒有注意到恐怖活動的對美國的安全威脅，只是研判結果，優先性上落後於東亞的軍事部署。因此投入反恐怖活動的資源就少到無法阻止 911 事件的發生。

決定目標後，依據目標產生安全戰略，也就是所謂「廣泛行動路線與指導原則」。安全戰略決定後開始規劃兵力整建。因爲軍事戰略是國防政策的核心，武裝部隊是達成安全目標的手段，目標不同，達成目標所需的兵力結構也就不同。

兵力整建後要經歷風險，這是對安全目標的檢驗。目標設定是否恰當？是否太高，國家資源無法滿足？是否太低，無法回應安全環境？部隊是否要調整組織結構？整建後的部隊是否能完成目標？這些都要經過風險檢驗後加以修正。

「風險」是個非常重要概念。誠如當代社會學大師紀登斯（Anthony Giddens）對國家安全概念的突破性見解；他認爲，在全球化時代，風險觀念愈趨重要。因爲絕大多數國家的假想敵消失，國家安全上所面對的不再是敵人，而是「風險」與「危機」。[5]國家其實存在許多可能威脅生存與發展的因素，我們其實並不確定何事、何處、何時、如何威脅國家安全。美國就是個非常好的例子。

界定安全威脅 － 訂定安全目標 － 擬定安全戰略 － 兵力整建 － 風險檢驗 － 重定目標 － 擬定新安全戰略 － 兵力整建 － 再經風險檢驗……。整個過程就成爲一個循環。

美國範例 — 911 事件後國防政策的轉變

美國 911 恐怖攻擊事件後國防政策的轉變是個很好的例子。

911 之前美國的主要目標是：

（一）向盟邦及友邦保證美國的決心堅定不移，並有能力實現其安全承諾。
（二）阻止敵人採取威脅美國及其盟友利益之計畫或行動。
（三）以前進部署軍事能力迅速擊潰敵人攻擊，並對敵人軍事能力及支援設施予以嚴重打擊，從而嚇阻侵略及壓迫。
（四）若嚇阻無效，則果決地擊潰來襲敵人。[6]

這些目標其實已經經過修正，與以往，也就是柯林頓總統時代強調「人道救援及和平維持任務」不同。安全戰略也由「植基於威脅」模式改變爲「植基於能力」；並進一步要求美軍部隊、軍事能力及組織進行轉型。

但 911 事件的發生，說明這些目標（包括以往或新設定的）都不能正確回應當前安全環境的需求，必須再加修正。

強化反恐怖活動以確保國土安全，於是成爲美國新的安全目標。

依據反恐怖的活動的新目標，新的軍事戰略也逐漸成型，將戰略重心從冷戰時代的圍堵與嚇阻，改爲以「先制攻擊」對付擁有化學、生物及核子武器的恐怖份子及敵國。雖然並未放棄圍堵與嚇阻，但在策略中加入先發制人（preemption）及防衛性干預（defensive intervention）概念。[7]這表示美國將會更積極主動的干預國際事務，而且動用武力的機會也會增加；雖然所使用的武力僅是小規模的。

爲執行「先制攻擊」的新安全戰略，新成立「聯合匿蹤部隊」，由各軍種最隱密的武器及人員組成，包括：特種部隊、可躲避雷達的飛機、經過改裝可運送特種部隊並發射巡弋飛彈的潛艦，以發動比快速空襲更爲迅捷的「無警告」突擊。[8]

在組織調整上，先成立國土安全室(Office of Homeland Security)以整合國內反恐怖組織。再擴大到內閣層級的國土安全部（Department of homeland Security）以統合現有八個聯邦部會的廿二個機構、十六萬九千多名人員。[9]在軍事組織的調整上，成立北方指揮部（Northern Command，NORHCOM），以統合美國境內的陸、海、空防禦，並支援文職單位共同防禦美國本土。[10]

爲因應這些新的需求，美國也投入更多資源。在新的會計年度增加國防預算四百八十億美元，增幅 15%，是廿年來最大的一次。[11]

美國國防政策在 911 恐怖事件後改變的過程可作爲巴特雷特模式運用的例子。中華民國的國防政策同樣可以在巴特雷特模式下思考，或者從這個模式中理解我國防政策的形成。

中華民國國防政策的形成

從巴特雷特模式理解我國國防政策的形成；首先就要分析我國所面臨的安全環境，判定安全威脅的主要來源。我們以民國八十九年版的《國防部告書》爲例：[12]

> 中華民國的國家安全，除受國際格局的變化影響外，最大的威脅來自於中共政權。中共以居中國歷史正統的心態及大一統的歷史使命感，堅拒承認當前兩岸處於分裂分治的狀態，屢次聲稱不放棄以武力完成兩岸統一，並在國際上以「中華人民共和國」為主體之「一個中國原則」，壓迫我國生存空間，使我國國家安全時刻遭受威脅。
>
> 我國的國家安全威脅，除中共軍事威脅外，還包括內部的人為威脅與天然災害等因素，如少數國人敵我意識模糊不清，或對國家認同有所分歧；經濟依賴對外貿易，資源仰賴進口；水電、交通等基礎建設欠完備等；而臺灣地區颱風、地震頻繁，亦是國家安全的重大威脅。

安全環境的分析是國防政策產生的基礎，有關我國安全環境的探討將在本書第三、四兩章中討論。在此僅略述概念。

既然安全環境分析的結論判定中共武力犯臺爲我最嚴重威脅，國家目標也就可以進一步設立：

鑑於中共日益強大的軍事威脅，為求生存、發展，確保民主憲政體制與人民生命財產安全，我國必須維持足夠的防衛能力。一方面，維持臺海情勢穩定，避免中共貿然對臺動武，進而破壞亞太地區的和平；另一方面，具有與中共對話協商的堅強後盾。因此，我國之所以必須進行國防整備，純係為求自保與維持和平。

這段敘述中描述了我國家目標爲「求生存、發展，確保民主憲政體制與人民生命財產安全」。生存與發展的概念其實是很抽象的，任何國家的安全目標都可以加上這一句。但是「確保民主憲政體制與人民生命財產安全」就非常具體。這與 1950-1970 年代尋求「光復大陸國土」的國家目標相當不同。這表示我無意擴張主權管轄領域，僅確保我「中華民國」在台澎金馬的主權，以及此一主權下的民主憲政體制。除此之外，確保「人民生命財產安全」也列爲目標之一，這表示在確保民主憲政體制手段上並非毫無限制，必須同時兼顧「人民生命財產安全」；類似玉石俱焚的做法並不適宜。

這也引申出我軍事戰略目標：「避免中共貿然對臺動武」以及「作爲與中共對話協商的堅強後盾」。這表示我軍事戰略主要構想將是「嚇阻」，與美國當前強調先發制人及防衛性干預大異其趣；與 1950 年代的「軍事反攻大陸」更是截然不同。

戰略目標確定後的進一步作爲就是兵力整建。要達成這個目標需要甚麼樣的軍事戰略？需要甚麼樣的武裝部隊？需要甚麼樣的武器系統？需要甚麼樣的作戰準則？簡言之，就是個建軍備戰的過程。

國軍自「精實案」實施，新一代兵力編成及武器裝備持續獲得更新後，已具「主動」戰略條件，有能力遂行反制作戰，且可獲致一定程度之嚇阻效果，故將原採之「防衛固守、有效嚇阻」戰略構想，調整為「有效嚇阻、防衛固守」，積極規劃及建立「小而精」、「反應快」、「高效率」之現代化部隊，並建構適當之有效嚇阻武力。

現階段國軍的軍事戰略就是「有效嚇阻、防衛固守」。執行這個戰略所需兵力的型態就是:「小而精」、「反應快」、「高效率」之現代化部隊。這種型態的軍隊與第一、二次世界大戰時動輒數十萬的「野戰軍團」、「裝甲雄師」是完全不同的概念。「有效嚇阻、防衛固守」戰略及「小、快、高」武裝部隊的建立，是在戰略目標的指導下，依據最大威脅，也就是中共武力犯台的可能方式，在有限資源下所做的選擇。因此對中共武裝力量 － 人民解放軍 － 的評估非常重要。本書第五、六章即評估此一威脅。第七、八章則探討如何回應，包括資源分配、軍事戰略及武裝部隊等問題。

當確定軍事戰略與武裝部隊型態後，國防政策的主結構已經完成。爾後就要經過風險的評估與考驗。也就是說，如果沒有其他非中共因素威脅我國家安全，就表示戰略目標設定正確；如果確實能嚇阻中共動武，或者在其非理性犯台時能防衛固守，就表示兵力規劃正確。如果不是，就表示判斷或評估錯誤，在面臨真正的國家安全威脅時將缺乏足夠資源回應。這種情況，所幸到目前爲止都未發生。

另一個更精細的「體系」

在民國 91 年版的《國防報告書》中設計了一個更精細的「國家安全戰略體系」(附圖 1-3)，並以此體系描述我國軍事戰略以至作戰計劃產生的過程。由於重點置於軍事相關戰略的產生，可以彌補巴特雷特模式的不足。同時，有了利用巴特雷特模式分析的經驗，我們再看此一體系將有更精確的理解。

此一模式以國家利益與國家目標為導引，由分析已界定之國家利益開始，產生國家目標；再依據國家目標，研判當前國家情勢設計，產生國家安全戰略構想。

所謂「戰略構想」僅是一個概念的敘述。一個完整的戰略，包括目標及達成目標的具體作為。但具體作為通常繁瑣且強調細節，為便於理解，先敘述該戰略的簡要概念，謂之「戰略構想」。

91 年版《國防報告書》敘述我國當前界定之國家利益為：[13]

我國國家安全戰略，具體而言是為維護下列國家利益：

(一) 確保國家生存與發展。
(二) 維護百姓安全與福祉。

依據這些國家利益的界定，我國現階段國家目標為：

(一)確保國家主權的獨立與完整。

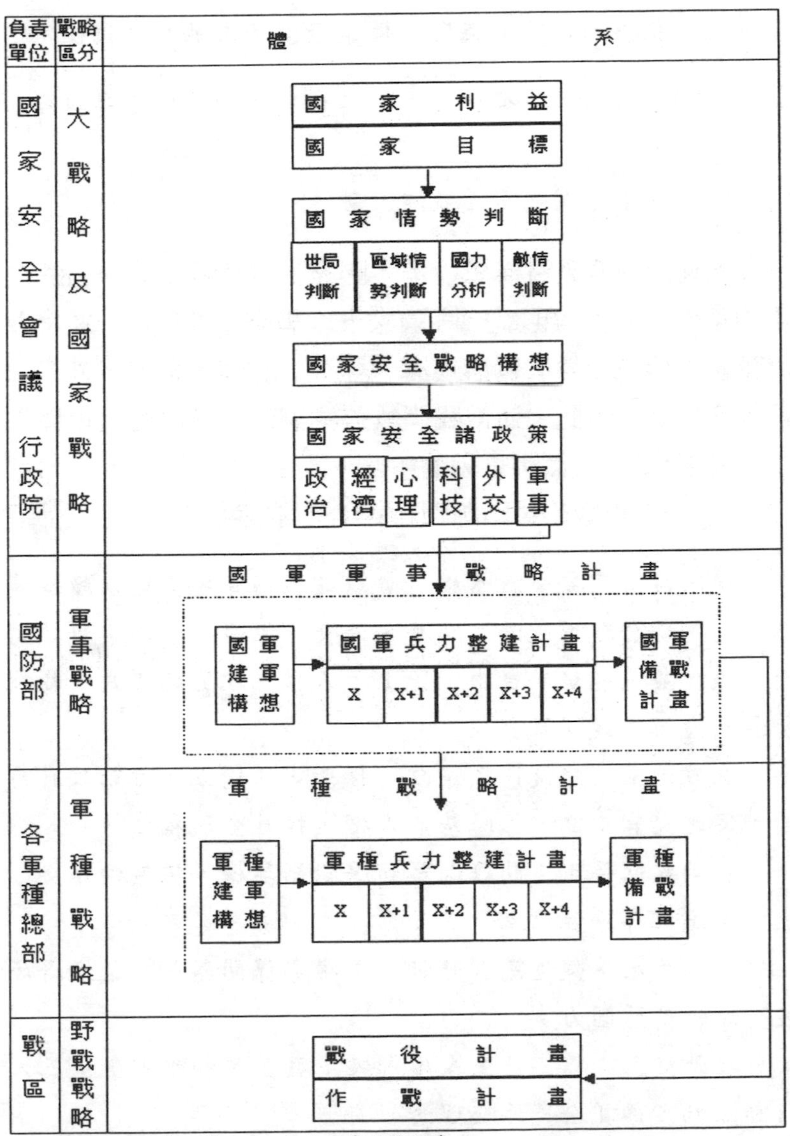

註：兵力整建計畫涵蓋五年，X代表當年度計畫。

附圖 1-3 資料來源：《中華民國九十一年國防報告書》

(二)維持兩岸關係穩定，促進亞太地區的和平與安定。

(三)維持經濟繁榮與成長，確保國家的持續生存與發展。

(四)深根臺灣、布局競逐全球。

「國家安全戰略構想」是「國家安全戰略」的導引性文件，兩者有區別。事實上，「國家安全戰略」本身是一連串非常龐大的具體作爲，包括政治、經濟、心理、科技、外交、軍事等政策；因此，通常我們敘述國家安全戰略時，都僅敘述「戰略構想」，而不是戰略本身。

民國 91 年版的《國防報告書》的敘述是：

現階段國家安全戰略構想，以確保國家安全與永續發展為目的，綜合運用政治、經濟、外交、軍事、心理與科技諸般手段，並透過追求自由、民主、人權、均富的方式，發揮整體國力，維護國家利益。

在政治上：維護民主憲政，捍衛司法獨立，推動政府再造，促進文官中立，保障基本人權，提升全民福祉。

在兩岸關係上：開啟兩岸和平對話契機，擴展兩岸交流，促進共存、共榮。

在經濟上：促進產業升級，重視環保問題，繁榮經濟發展，厚植整體國力。

在外交上：以「民主人權、經濟共榮、和平安全」三大行動主軸，落實全民外交理念。

在軍事上：建立全民國防，加強全民心防，持續推動國防改革，貫徹軍隊國家化，構建量少、質精、戰力強之現代化國防勁旅。

在科技上：提升科技發展，推動尖端科研，創造科技優勢。

國家安全戰略的軍事部分，就是軍事戰略。本質就是：如何以軍事力量達成國家安全目標？因此就是一個建軍備戰的過程，也就是兵力整建。

「建立全民國防，加強全民心防，持續推動國防改革，貫徹軍隊國家化，構建量少、質精、戰力強之現代化國防勁旅。」就是軍事戰略構想。

至於「軍事戰略」，與「軍事戰略計畫」在概念上同樣有區別。「計畫」是依據情勢判斷所規畫的「預定」作為；如果一切情勢發展如同預期，計畫當然生效；如果發現情勢發展不如預期，計畫就要變更。生效的「計畫」就是命令。換言之，「計畫」就是待命生效的「命令」。所謂「備戰計畫」、「戰役計畫」、「作戰計畫」都隱含此一概念。

軍事戰略計畫以至於作戰計畫的產生，是相當專業的作為；整個「國家安全戰略體系」，我們將在本書第七章中進一步討論。

國防政策的分析架構

我們已理解國防政策產生的過程，但國防政策雖以軍事戰略為核心，但有相當多的配套與關聯性措施。具體的國防政策內容為何？應包括哪些主題？或者說，哪些事務屬於國防政策的範疇？仍需進一步探究。

事實上，完整的國防政策應包括嚇阻及防衛兩個概念：[14]

嚇阻乃在使敵人瞭解，其軍事行動所付出的代價與面對的危險，將超過所能獲致的成果。以促使其打消從事軍事冒險的念頭。防衛則在嚇阻失效後，減輕己方所可能付出的代價與面對的危險……。嚇阻與防衛最重要的差別在於，嚇阻是平時的目標，防衛則在戰時發揮功效。

基於如此對國防政策的看法，政治學者莫瑞（Douglas J. Murray）及韋歐堤（Paul R. Viotti）在國防政策比較研究時提出一個分析架構，該架構列出四個主題：[15]

主題一：該國家對國際環境的看法。

主題二：該國家的國家目標、戰略、軍隊與準則運用。

主題三：該國家的國防決策過程。

主題四：各種經常性問題，如：兵力態勢、用兵狀況、武器採購、武器管制及軍文關係等。

作爲維護國家安全的表徵，本書所要探討的就是我國國防政策的內涵，以瞭解我國在外部的軍事威脅下，內部機制回應的狀況。所以：

國家安全政策為廣義的國防政策，區分為政治、經濟、軍事、心理、科技與外交等政策，分別由相關部會等單位負責研擬，經行政院綜整後，由總統頒布；國防政策為狹義的國家安全政策，也就是軍事政策，為國家安全政策中的主要部分，由國防部負責制定執行。[16]

事實上，我國國防政策的具體內容已經完整的表現在《國防報告書》上。以 89 年版的《國防報告書》爲例，比較其內容與莫瑞及韋歐堤的分析架構如下（附表 1-1）：

附表 1-1

《中華民國 89 年國防報告書》	Douglas J. Murray & Paul R. Viotti 分析架構
第一篇 國際安全環境與軍事情勢	
第一章 國際安全環境	主題一
第二章 國際軍事情勢	主題一
第三章 中共軍事情勢	主題一
第二篇 國家安全與國防政策	
第一章 我國的國家安全概況	主題一
第二章 現階段國防政策	主題二
第三章 防衛作戰指導	主題二
第四章 全民防衛動員	主題二
第三篇 國防資源	
第一章 國防人力	主題四
第二章 國防物力	主題四
第三章 國防財力	主題四
第四篇 武裝部隊	
第一章 常備部隊	主題四
第二章 後備部隊	主題四
第三章 海岸巡防部隊	主題四
第四章 軍事動員	主題四
第五篇 國防管理	
第一章 國防法規管理	主題四
第二章 部隊管理	主題四
第三章 國防經費管理	主題四
第四章 軍事用地及營繕工程管理	主題四
第五章 國防資訊管理	主題四
第六章 械彈管理	主題四

第六篇 國防重大興革與施政	
第一章 國軍「精實案」	主題三
第二章 國防組織再造	主題三
第三章 精進國防決策品質	主題三
第四章 革新軍法體制	主題四
第五章 役政改革	主題四
第六章 國軍人才招募	主題四
第七章 加強軍事教育	主題四
第八章 福利與保險	主題四
第九章 持恆戰備精進動員	主題四
第十章 賡續政治教育凝聚共識	主題四
第十一章 眷村改建	主題四
第七篇 國軍與國民	
第一章 擴大國防事務透明化	主題四
第二章 尊重人民權益	主題四
第三章 主動爲民服務	主題四
第四章 「九二一震災」救援	主題四
第五章 增進軍民情誼	主題四

本書分析架構也依循此一結構：

- 第一章 － 導論，討論國防政策的概念，分析國防政策形成的過程。
- 第二章則對國家安全的概念作進一步的分析，以使本書在概念架構上更爲完整。
- 第三、四章探討我國對安全環境的認知（主題一）。
- 第五、六章探討我國最大的外部軍事威脅 － 中共 － 的軍事力量（主題一）。
- 第七章探討我國國防體制、決策機制與國防政策目標；依據 91 年版《國防報告書》的概念，就是國家安全戰略體系（主題二、三）。

- 第八章探討我國的軍事戰略（主題二）。
- 第九章探討全民國防與兵役制度。（主題二、四）
- 第十章探討「軍事互信機制」，這是我國當前爲維護兩岸和平的具體設計。

國防政策的內涵雖然包括政治、經濟、心理、軍事力量的綜合運用（91 年版《國防報告書》更加入了外交與科技），但仍以軍事力量爲主軸。因此國防政策也可以說是軍事力量在政治、經濟、心理、外交、科技等面向的呈現。本書採用莫瑞及韋歐堤的分析架構，就是希望能將我國國防政策系統地分析。我們相信採用這個架構能夠達到這目的；完整及周延，並不只偏向某個單一層面。

和平紅利與機會成本

《國防報告書》是國家對外表述該國國防政策的工具，也是瞭解該國國防政策的依據。透明度愈高，愈能消除外界疑慮，有助於彼此的信任與合作。因爲習慣上都用白色封面，所以也稱爲「國防白皮書」。

在人類進入廿一世紀後，國防透明化已經成爲國際對文明國家的普遍要求。要免於遭到「野蠻國家」的批語，就必須遵守這些「文明國家所共同遵守的規範」。因此，就連中共也從 1995 年開始發佈了多篇國防白皮書。包括 1995 年《中國的軍備控制與裁軍》、1998 年《中國的國防》、2000 年《2000

年中國的國防》等。我國則是從民國 81 年開始，發佈《中華民國八十一年國防報告書》，爾後約兩年發佈一次。最新的版本是民國 91 年版。美國雖沒有發表正式的所謂國防報告書，但在言論自由傳統與民主制度下，隨時公開相關資料。人民可透過這些公開資料瞭解美軍。事實上，美國許多軍事基地都各自設置網站，公開基地的某些活動，甚至包括駐軍人數及指揮官的個人基本資料。對他們而言，這是與當地社區互動，建立形象的公共事務的一部份。這使美國成爲國防透明度最高的國家。比較類似國防報告書，宣示國防政策的文件，是美國國防部每四年一次向國會提出的「四年期國防總檢報告」(Quadrennial Defense Review，QDR)。最近的一份是 2001 年 9 月底公布。這份文件配合美國總統任期，將新的「國家指揮當局」(意指總統及國防部長)的安全理念，落實爲具體的國防政策，以爲建軍及戰略部署的依據。

國防與國家安全息息相關，也就與全體國民息息相關。了解國防政策其實是每個國民的責任。因爲國防政策與國家資源的分配有關，而且往往分得預算大餅中的最大一塊。國防與外交等安全政治屬於高層政治；優先性往往超過經濟、教育與社會福利等生活政治的低層政治。預算的排擠效應相當程度的影響國民能享有社會福利與生活水準。當每年必須花費超過 100 億美金的國防預算時，我們就要理解這些經費之所以必須使用的理由，以及評估若用在其他方面所帶來的利益。也就是經濟學上所謂的「機會成本」。國防支出在經濟學上屬於「最後財貨與勞務」，這表示它不具有價值增加的功能，純屬消費，不具有任何生產意義。如果國防政策錯誤，不僅不能排除真正的安全威脅，也將空耗資源，降低人民的生活水準與福利。

這也說明了國防政策必須獲得國民支持與參予才能真正發揮功能的理由。因爲人民自會判斷國家所處的安全環境，如果與政府判斷的安全環境產生明顯落差，就很難支持政府的國防政策。因爲人民會認爲資源的耗費不值得。

事實上，在 1990 年代初，蘇聯瓦解之時，長達四十餘年的冷戰宣告結束，當時就有許多學者主張減少安全政治的支出，而將之用在生活政治上。他們將之視爲「和平紅利」。這種樂觀的態度當然因爲爾後國際間繼續不斷的衝突而受衝擊，但安全政治支出的減少與生活政治支持的增加，確實是大多數國家的普遍趨勢，除了那些被國際視爲「黷武」及安全上面臨特殊威脅的國家之外。

我國因爲獨特的歷史背景，可算是安全上面臨特殊威脅的國家。雖然如此，國防支出佔國家總預算的比例仍逐漸降低，只不過人民享受的「和平紅利」不像其他國家那麼明顯而已。在這種情形下，我們對安全威脅認知的，以及對國防政策的理解，可能較其他國家國民更需要。

國家安全戰略與國防政策的研究是門綜合性學術，必須透過科技整合的方式著手。雖然以國際關係學與軍事學爲基礎，但牽涉政治學、經濟學、社會學甚至心裡學。要探討安全環境，必須以國際關係學的概念架構；兵力規劃需從軍事學架構；資源限制要從經濟學角度；國防體制是政治學；文武關係是社會學……。事實上，國防事務確實有全面性的特質，必須從各個角度觀照才能周延完整。這表示再多的論述都未必能涵蓋國防政策的全貌。要掌握這個恐龍般的龐然大物，本書僅是奠定基礎而已。

建議記憶或理解的問題：

一、何謂國防政策？
二、何謂國家安全戰略？
三、國家安全戰略與國家安全戰略構想的區別爲何？
四、巴特雷特模式中，影響國防政策產出的兩個因素爲何？
五、美國宣示國防政策比較正式的文件爲何？

【注解】

[1] 中華民國國防部，《中華民國八十五年國防報告書》，台北：黎明書局，1996，頁 18。
[2] 中華民國國防部《中華民國九十一年國防報告書》，第二篇「國防政策」，電子化文獻：http://www.mnd.gov.tw
[3] 中華民國國防部，《中華民國八十九年國防報告書》，台北：國防部，2000，頁 21。
[4] 有關「巴特雷特模式」的探討，請參考美國海軍戰爭學院編撰之《戰略與兵力規劃(上)》，台北：國防部軍務局譯印，1998，頁 21-28。
[5] Anthony Giddens，《失控的世界：全球化與知識經濟時代的省思》，陳其邁譯，台北：時報文化，2001，頁 21。
[6] 美國國防部長倫斯斐（Donald H. Rumsfeld），2001 年「四年期國防總檢報告」(QDR)序文。電子化文獻，http://www.defenselink.mil/pubs/qdr2001.pdf
[7] 「美新戰略思維：先制攻擊取代圍堵嚇阻」，中國時報轉引華盛頓郵報。中時電子報，http://news.chinatimes.com/Chinatimes/newslist/newslist-content/0,3546,110504+112002061100057,00.html
[8] 同註 3。
[9] 「美推動成立國土安全部」，2002，6，8，中時電子報，http://news.chinatimes.com/Chinatimes/newslist/newslist-content/0,3546,110504+112002060800055,00.html
[10] 「五角大廈 增設北方指揮部」，2002，4，18，中時電子報，http://news.chinatimes.com/Chinatimes/newslist/newslist-content/0,3546,110504+112002041800069,00.html
[11] 「打擊恐怖主義 美國提高國防預算」，2002，1，25，PChome 新聞，http://news.pchome.com.tw/ftv/internation/20020125/index-20020124090544172089.html

[12] 請參考《中華民國八十九年國防報告書》，第二篇「國家安全與國防政策」。
[13] 請參考《中華民國九十一年國防報告書》，第二篇「國防政策」。
[14] Douglas J. Murray & Paul R. Viotti，《世界各國國防政策的比較研究》，台北：國防部史編局譯印，1999，序文頁 6。
[15] Douglas J. Murray & Paul R. Viotti，前引書，頁 6。
[16] 中華民國國防部《民國九十一年國防報告書》，第二篇「國防政策」。

第二章

生存與發展

對國家安全概念的探討

本章討論國家安全的概念。首先強調國家安全的基礎在國際間的相互信賴與合作，應屏除「絕對安全」的概念，尋求「相對安全」。國防透明化即為達到國際間相互信賴的所做的努力。此外，介紹國家安全概念的演變，從以往「軍事安全」到當前「綜合性安全」的過程。也介紹了共同性安全與合作性安全的概念。這是全球化時代各國追求安全普遍努力的方向。

在本章的最後一節，則分別從國家利益、國際保障、政治統合、危機管理四個面向，討論我國國家安全所面臨的問題。也分析了從民國 81 年到 91 年對「安全威脅」認知的改變。從歷史角度的縱向分析，或許與各面向的橫向分析同樣重要。無論如何，國家安全是很複雜的概念，應從全面性求理解。

安全的基礎

西元 1942 年，美國耶魯大學國際關係系教授史派克曼 (Nicholas John Sypkman 1893 - 1943)出版了《世界政治的中的美國戰略》一書。這是本地緣政治學派的經典之作。其中他明確的主張，美國必須採取現實政治(Realpolitik)，而放棄從第一次世界大戰以來對道德價值的堅持。史派克曼認為，國家在追求安全時必會發生衝突，因為：

一個國家的安全邊界就另一個國家的危險邊界。

當某國家為確保其國家安全，而追求國家權力（national power）的同時，很可能損害別國的國家安全。別國為保護其國家安全，只有採取某些行動以消弭其不安全感，衝突因此發生。換言之，追求安全的作為，反而成為危害安全的最重要因素。這就是著名的安全困境（security dilemma）假說。

從另一個角度來看；因為力量是相對的，因此關鍵不在我擁有力量的多寡，而在鄰國或假想敵國與我力量的差距。敵強才顯得我弱，敵弱就顯得我強。當某一方追求安全的行為，譬如擴充軍備。在己方的觀點是防禦性的，但在另一方的觀點就可能是攻擊性的。於是為追求安全，也相對擴充軍備。原先擴軍一方在見到對方擴軍，同樣不安，於是再大幅度擴軍……。這就是所謂的「螺旋模式」，雙方在互不信任下，從最初的單純建軍，最後形成惡性軍備競賽的過程。

正如民國 81 年版的《國防報告書》中對國家安全目標

的敘述：[1]

國家安全目標是為保障國家利益不受侵犯與威脅。任何國家在追求國家利益的過程中，均不可能獲得絕對之安全，因為獲得絕對安全，則有關的國家勢必感到絕對不安全。

國家安全的基礎是甚麼？未必是周密的地緣戰略佈局，也未必是控領重要的戰略要域，未必是強而有力的國家權力，更未必是絕對的武裝力量。當每個國家都追求「絕對安全」，世界就會衝突不斷，反而沒有一個國家會得到真正的安全。

蘇聯崩解後的美國成爲世界唯一超強，擁有全世界最強大的武裝力量；但卻不能防止「911」恐怖份子的攻擊。紐約世貿中心兩座大樓，透過電視實況轉播在全世界人們眼中傾塌的畫面，真是震撼人心。天下無敵的武裝力量能確保國家安全嗎？美國雖在爾後的阿富汗報復之戰中戰果輝煌，但能保證類似的恐怖事件不會重演嗎？

我們不能否定武裝力量的重要，因爲它是最後的制裁力量；但僅依靠武力以確保安全的概念卻是錯誤的。安全真正的基礎，在國際間的相互信賴與合作。安全的概念是相對的，不是絕對的，將自己的安全建立在別國的危險上只會帶更多的威脅與衝突。

國防透明化

國際間要達到相互信賴，國防透明化是非常重要的概念，而編撰公佈《國防報告書》則是國防透明化的最主要工程。

國防透明化的概念，是在適當範圍內揭露國防政策，以增進各國瞭解，減少誤判。所謂「適當」，是指在國家安全的許可範圍。太過地揭露，將使具有敵意的敵人更能理解我國的軍事力量，成爲發動武裝攻擊的指針。然而此一界限卻極爲模糊，而且缺乏一定標準；通常視外部威脅的強度而定。譬如，我國《國防報告書》民國 81 年版及 82、83 版，都揭露了我國武裝部隊編制及數量，包括有幾個機械化師、幾個……但國軍在實施「精實案」編組聯兵旅後的 89 年版，僅揭露聯兵旅的型態，卻再不揭露數量。[2]這表示我國目前擁有的空騎旅、裝甲旅、裝步旅、摩步旅、步兵旅、特戰旅的數量，已被視爲機密。這顯然受中共在 1996 年實施大規模的「聯合 96」演習，造成台海危機，提昇了兩岸的緊張形勢有關。

但是揭露過少就不能達成國防透明化的目的。這要從兩個概念來探討，一個是信心建立措施（confidence building measures, CBMs），另一個是嚇阻（deterrence）。

信心建立措施

信心建立措施是冷戰時期，美國與蘇聯兩大集團在歐洲爲尋求安全所建立的典則（regime）。依據前挪威國防部長霍斯特（John Jorgen Holst）在一篇專文中定義，信心建立措施是「加強雙方彼此在心理上和信念上更加瞭解的各種措施，主要目的在增進軍事活動的可預測性，使軍事活動有正常規範，並藉此確定雙方的意圖」。[3]簡言之，就是透過一連串的安排，增加雙方軍事及安全領域的瞭解與信任，以避免誤解及誤判，因而發生雙方都不想打的戰爭。

在信心建立措施中一個很重要的項目，就是透明化措施。也就是公開自己軍事安全作爲，包括軍事戰略、兵力數量、結構、主要的武器裝備等，以取得對方信任。國防政策適當揭露非常必要，是互信的基礎；關係信心建立措施的成敗。以中共爲例，蘇聯瓦解後中共逐漸體認信心建立措施對建立國際安全環境的重要性。1993 年 4 月 1 日發表「軍備透明八項原則」；1995 年發佈《中國的軍備控制與裁軍》白皮書；1998 年發佈《中國的國防》白皮書；2000 年發佈《2000 年中國的國防》白皮書。雖然較我國在 1992 年即發佈第一版的《國防報告書》爲晚，但至少已開始國防透明化。只是內容大多數爲原則性的論述，對軍事戰略及實際兵力結構的揭露極少。至於主要武器裝備更提都沒提。這使中共企圖改善國際形象，化解「中國威脅論」的努力成果因而有限。

有關信心建立措施的概念，將在第十章討論「軍事互信機制」時進一步探討。

嚇阻

「嚇阻」同樣是出現在冷戰時期，而且是 6、70 年代最重要的戰略理論。這是因爲嚇阻具有預防戰爭的功能，而冷戰時期兩大集團軍事對峙，並且各自大量部署核子武器，使具有預防戰爭功能的嚇阻就不得不成爲雙方最主要的戰略思考。

基於三十多年的經驗，西方以「核子嚇阻」爲主的嚇阻理論發展得相當成熟。美國與蘇聯非常小心地制定與管理她們戰略互動規則。一方發出的威脅通常相當自制或者語意含糊，以不驚嚇對方採取激烈的行動。

蘇聯瓦解後國際形勢突變，世界和平產生新的期待。核子嚇阻理論喪失依據。至少有數年以上在國際關係的討論中不再見到嚇阻有關的詞彙，新版本的國際關係教科書中不再有「核子嚇阻」之類的概念。

這種現象直到 1996 年第三次台海危機之後才出現轉變。中共在台海舉行具有恐嚇意味的飛彈演習，震撼台灣人心與西方學界。這印證了「中國威脅論」，也說明了後冷戰時代台灣海峽已成爲全球最不穩定的區域之一。解放軍研究頓時成爲顯學；如何嚇阻中共不在台海使用武力，成爲美國戰略學界討論的主要議題。嚇阻理論再度出現，只是不再以核子戰爭爲背景。現代嚇阻於是被簡單的定義成：

勸服敵人，使其相信採取某項行動方案所帶來的代價或風險將超過獲益。[4]

嚇阻的英文原文爲 deterrence，中國大陸翻譯成「威懾」，因此中共的「威懾」就是西方的「嚇阻」。概念相同，只是做法上略有區別。無論威懾或嚇阻，目的都是要預防戰爭，避免戰爭。關鍵就是要對方「相信」。如果對方「不相信」，嚇阻就算失敗，此時無論是否真的發動戰爭，預防性的功能就消失。

成功的嚇阻必須具備三個條件（3C）：能力（capability）、可信度（credit）及溝通（communication）。不僅要有報復的能力、報復的決心，同時，還要透過溝通，讓對方知道這兩點。

「國防透明化」就是一種溝通的方式；透過政策的宣示，明確的讓對方知道，如果採取某項我方堅決反對的行動，必將遭致報復的決心及能力。

譬如中共在《2000年中國的國防》白皮書中，對台灣問題就有如下的宣示：

……中國政府盡一切可能爭取和平統一，主張通過在一個中國原則基礎上的對話與談判解決分歧。但是，如果出現臺灣被以任何名義從中國分割出去的重大事變，如果外國侵佔臺灣，如果臺灣當局無限期地拒絕通過談判和平解決兩岸統一問題，中國政府只能被迫採取一切可能的斷然措施，包括使用武力，來維護中國的主權和領土完整，實現國家的統一大業。「臺灣獨立」就意味著重新挑起戰爭，製造分裂就意味著不要兩岸和平……。

這就是「威懾」，也就是中共式的「嚇阻」，企圖透過此一文件，宣示只要台灣獨立必然使用武力的決心，以避免台灣真的走向獨立之路。

【博奕理論之小雞遊戲】

小雞遊戲是博奕理論（game theory）中兩個著名的非零和賽局（no-zero-sum game）之一。經常被用在分析嚇阻的效果上。

所謂博奕理論，是匈牙利數學家馮紐曼（J. Von Neumann）與美國經濟學家摩根斯坦(O. Morgenstein)在 1944 年合作出版的《博奕理論與經濟行爲》一書中提出。以數學與邏輯估算經濟環境或社會情境中的參予者，如何在可能的決策中選擇最符合己方利益的選項。

博奕理論探討競賽者雙方衝突與合作的關係。如果是一個你死我活的賽局，一方所得來自另一方所失，雙方所得的總和是"零"，就稱爲零和賽局（zero-sum game)。譬如戰爭或一對一的賭博。但人類社會大多數的賽局卻不是零和的，賽者在衝突與合作中往往會技巧的妥協以獲得最大利益，因此雙方所得總和可能大於"零"（也有可能小於"零"）；因此稱之爲非零和賽局。當前政治人物所提的「雙贏」，就是借用非零和賽局的概念。

「小雞遊戲」取材於一種美國青少年考驗膽識的遊戲。兩位賽者各自駕車高速對衝，哪一方先轉彎，就算失敗，會被譏爲「小雞」；如果雙方都不轉彎，就有可能撞成一團而死亡。

在小雞遊戲中，如果理性分析，最好的選擇就是「轉彎」，因爲最差的情況就是對方「未轉彎」，那會被譏爲小雞；但至少不會喪命，況且有機會對方也轉彎而賽成平手。

有趣的是，從現實的案例中發現，如果有一方表現高度必死決心，那麼通常對方都會選擇轉彎，而不會尋求同歸於盡。古巴危機中美國甘迺迪總統以不惜一戰的決心，終於迫使蘇聯退讓，將飛彈撤出古巴；就是一個最好的例子。

相對地，我方民國89年版的《國防報告書》，對中共武力犯台行動也有如下的宣示：

……國軍依「有效嚇阻、防衛固守」之戰略構想與指導，本「止戰而不懼戰、備戰而不求戰」之原則，……統合運用三軍兵、火力，並動員全民力量遂行總體作戰，殲滅來犯敵軍，以確保臺海和平及國家安全。

這同樣也是運用嚇阻觀念，透過國防報告書宣示只要中共動武，必予以擊潰的決心與能力。

台海兩岸在軍事對峙半世紀，卻仍能維持和平，這與嚇阻（或威懾）的預防性功能充分發揮有相當關係。屏除絕對安全的概念，透過對話與合作，與潛在敵人或競爭者在變動不居的不安全環境中共同謀求安全，才是安全真正的基礎。

民國91年版《國防報告書》敘述「國防基本理念」，第二條明確指出：「透過安全對話與交流，促使兩岸軍事透明化，以維持臺海穩定，確保區域安全。」就是基於此一理念。這也是我國對國家安全概念的重大進步與轉變。

國家安全概念的變遷

國家安全是國際政治領域的基本概念，也是國家的基本價值。但其真正意義並不明確。「安全」一詞其實是個模糊的符號（ambiguous symbol），或者是低度發展而有爭議的概念（underdeveloped and contested concept），甚至有人認爲根本沒有所謂「安全」概念可言。我們只知道，國家安全詞彙的第一次出現，是在 1945 年 8 月美國海軍部長 James Forrestal 出席參議院聽證會時使用。原始意義包括生存與發展。初期概念是從第二次世界大戰後的「安全研究」（security study）開始。

安全研究與國家安全

盛行於 1955 - 1965 年間的安全研究，深受當時興起的現實主義影響，[5]認為在無政府狀態下的國際社會中，國家安全是國家最重要的議題。由於當時的安全環境，是美國與蘇聯兩大集團的冷戰與核子武器大量部署，因此對國家安全的觀點著重於武力的使用，「國家安全」幾等同於「國家軍事安全」（national military security）。

70 年代後，美蘇對抗出現和緩，加上西方國家經濟發展停滯，國家安全的經濟部分逐漸受重視，傳統的安全觀開始被質疑。

另一個重大衝擊是學術界「行為主義」的興起。這個衝擊使國際關係的學術領域開始批判當時流行的現實主義。「新現實主義」的學者認為，將國家安全定義在軍事意義上是一種對現實的錯誤假設，會使國家過於注重軍事威脅而忽視其他或許更危險的威脅，也使國際關係出現軍事化傾向。由於學者間的論戰不斷，對「安全研究」的主題、取向與方法並未產生共識。

冷戰結束後國際安全環境丕變，新的安全需求與議題也隨之出現。各國政府在制定政策時，多跳脫以純粹軍事為中心考慮的安全概念，而將經濟發展、環境惡化、恐怖主義、毒品走私、疾病傳染等非軍事性的問題也列入國家安全的議題中。一個從新、舊秩序觀區別美國國家安全概念的表格可以理解其中差異：

附表 2-1

新、舊秩序差異	舊世界秩序	新世界秩序
國家安全的主要威脅	蘇聯、第三世界的革命力量。	獨裁、環境品質低落、全球經濟問題。
軍事力量的目的	擴大嚇阻、防禦歐洲、海外干預能力。	基本嚇阻→核武裁減、聯合國維和部隊、非攻擊性防禦。
對戰爭與和平的態度	旁觀式的黷武主義。	和平的公民文化。
與發展中國家的政經關係	維持市場關係。	鼓勵真正的發展、共同命運。
和平概念	消極和平觀。	積極和平觀（減少結構性暴力）。
軍費與經濟	最小衝擊。	和平紅利與經濟轉化。
政策典範	現實主義。	共同安全。

資料來源：Paul Joseph，*Peace Politics：The United States Between the Old and New World Order*（Philadelphia：Temple University Press，

1993），p.7，轉引自莫大華，「安全研究論戰之評析」，問題與研究，第 37 卷第 8 期，1998 年 8 月，頁 22。本表略經修正。

從上表可知新的國家安全概念層次與內涵不斷擴大。事實上，進入全球化時代之後，國家安全問題有多元化的趨勢，不同政策之間的連接性愈來愈強，彼此的相互影響程度也隨之增加。這種結構性的改變使決策者必須要以新的想法去處理國家安全的問題。當前這種國家安全概念，就被稱之爲「綜合性安全」。

因此，要將國家安全的概念下定義並不容易，因爲它的概念其實是變遷的。不僅隨著國際政治理論，也就是不同的詮釋角度而改變，也隨著環境因素改變。

譬如，民國 81 年版的《國防報告書》中對國家安全的敘述是：

國家安全目標是為保障國家利益不受侵犯與威脅。任何國家在追求國家利益的過程中，均不可能獲得絕對之安全，因為獲得絕對安全，則有關的國家勢必感到絕對不安全。

民國 91 年版的《國防報告書》中對國家安全的敘述則是：[6]

國家安全雖然是一個抽象的概念，然其主要目標為確保國家生存，即在於維護「領土、人民及其生活方式」的安全，免於遭受「侵略的威脅」。

這表示十年來，我國受外部軍事威脅的程度增加。民國 81 年國家安全概念界定在「相對安全」上，民國 91 年則界定在「免於遭受侵略的威脅」。

因此，如果要下個較通用的定義（就學術的觀點而言，這是有必要的），可能接近下述的概念：

國家為維持永久生存及持續發展，確保領土、主權與生活方式，所採取對抗安全威脅的措施。

這其中包括的主要概念爲：

（一）確保國家生存不受威脅：

1、國家領土完整，不受侵犯。

2、政治獨立和主權完整，不受侵犯。

3、維持生活方式與傳統價值，不受外力干涉與控制。

（二）維持經濟發展，增進人民福祉。

經濟發展的概念非常重要。因爲這是增進人民福祉最基本的做法。確保國家生存不受威脅是國家安全的消極面，但經濟發展則是積極面。通常這兩個面向的利益一致，但在某些時候則會產生衝突。不能確保生存固然就沒有經濟發展可言，但如經濟不能發展，人民福祉降低，人民就會懷疑國家的功能何在？

國家安全之所以會成爲決策者的重大考驗，就在生存與發展陷入兩難情境時的取捨。尤其在安全環境不斷變遷時，更需要智慧的抉擇。

共同性安全與合作性安全

確保國家安全有很種方法，以往強調軍事安全，現在也仍以軍事安全爲核心。但在概念上已不再認爲絕對的軍事安全是可取的。現代觀念強調共同性安全（common security）與合作性安全（cooperative security）。

所謂共同性安全的概念，是認爲各國對避免戰爭都有共同的責任，各國生存與安全是相互依賴的，所以應以合作代替對抗，來降低戰爭危險，限制軍備及裁軍。共同性安全主張一個國家的安全應與敵人共同獲致，而非處處敵對；應屏除嚇阻的構想，因爲它會刺激更多的的軍備競賽與安全困境。這些概念較接近集體安全。獲致安全的手段是「非挑釁式防衛」（non-provocation defense）或「非攻擊性防衛」（non-offensive defense），它並非對抗性的軍事同盟或雙邊協防條約的安排。主要目標是降低戰爭的可能性，在沒有一個共同敵人的情況下，成員進行安全合作，並遵循共同接受的安全規範。

合作性安全範圍是多面向的。在性質上是漸進的；強調的是再承諾而非嚇阻；是包容性非排它性；喜好多邊勝於雙邊；並不因專注軍事解決而忽略非軍事解決途徑；雖認定國家是安全系統的主要角色，也認爲非國家組織也可扮演重要地位。不要求正式安全機制的建立，但也不排除。最重要的是，合作性安全強調在多邊的基礎上，建立對話習慣與價值。除了官方的安全對話外，尤其強調非官方的，也就是由學術界、非政府組織、民間團體或政府官員以私人身分，會商共同關切的安全議題。[7]

共同性安全與合作性安全在歐洲有相當良好的實踐經

驗。曾經引發兩次世界大戰，造成數千萬生靈塗炭的歐洲，能經過數十年後逐漸完成整合，共同性安全與合作性安全的成功運作是功不可沒的。

中華民國的安全威脅與國家安全

對安全環境的認知是國防政策產生的基礎。要探討我國的國家安全當然要先從「安全威脅」開始。我國面臨哪些安全威脅？待處理的優先性如何？這些認知決定我國防政策，也決定資源運用的方向。請注意，雖然對安全威脅的判斷是依據對安全環境客觀的分析，但認知本身是相當主觀的，因此各政府領導人認知的安全威脅未必相同，這是為何國防政策會隨著政府的更迭而變化的根本原因。

譬如民國 81 年版《國防報告書》中對安全威脅的判斷是：[8]

（一）中共侵犯
（二）國土分裂
（三）社會動亂
（四）區域衝突

特別強調：

唯就實際狀況而言，目前危害我們國家安全最直接最嚴重的威脅，還是中共武力侵犯的行動。

在民國 82-83 年版《國防報告書》中則對安全威脅的判斷是：[9]

（一）中共侵犯
（二）國土分裂
（三）區域衝突

同時也強調：

無疑的三者之中，威脅我們社會最直接和最嚴重者，當推中共的武力進犯。

我們注意到在列舉項目中，「社會動亂」這一項消失。這表示當時政府對國內政治及社會的穩定已有信心。事實上，在「解除戒嚴」及「終止動員戡亂期」後，民國 78 到 81、82 年間，社會上確實流行著號稱「民主陣痛」的抗議與示威活動；頻率之頻繁與強烈程度被認為妨礙國家政治及經濟的正常發展。這種情況隨著言論自由的保障及民主制度運作的熟練，到民國 83 年間逐漸緩和。因此 81 年版的列入與 83 年版的不列入，表示當時政府對此項安全威脅主觀認知的變化。

同樣的，另外三項除中共武力犯台外，到了民國 89 年版的《國防報告書》中已不見蹤影。民國 89 年版《國防報告書》對安全威脅的敘述是：

我國的國家安全威脅，除中共軍事威脅外，還包括內部的人為威脅與天然災害等因素，如少數國人敵我意識模糊不清，或對國家認同有所分歧；經濟依賴對外貿易，資源仰賴

進口；水電、交通等基礎建設欠完備等。

81 及 83 版提出的「國土分裂」指的是「台灣獨立」主張。在當時政府認知中是國家安全的威脅。這種認知在將台灣獨立列入黨綱的民主進步黨成爲合法政黨，並逐漸取得執政優勢後，當然會有所改變。但國民意識型態差距太大仍可能影響國家安全，因此 89 年版仍將「少數國人敵我意識模糊不清，或對國家認同有所分歧」認知爲安全威脅。

至於所謂「區域衝突」是指類似 1990 年代發生的波斯灣戰爭，如果持續不斷將影響全球的政治及經濟發展，台灣也勢必無法避免。當時列爲安全威脅是有理由的。只是在廿一世紀初期，這種衝突發生的機會及影響已不如恐怖行動，從安全威脅清單去除相當合理。

至於民國 91 年版，對安全威脅的界定更縮小至「中共政權」：[10]

中華民國的國家安全除受國際情勢變化影響外，最明顯而直接的威脅則來自中共政權；中共從未放棄以武力攻臺作為解決臺海問題的手段，並屢在國際上以「一中原則」，壓迫我國外交生存空間，使我國家安全及利益備受威脅。

「社會動亂」、「國土分裂」及「區域衝突」雖在民國 80 年代初期被列爲安全威脅，以今日觀點來看或許認知有誤，但政府一直將中共武力犯台視爲最主要威脅，並未投入太多資源在其他項目中。因此資源運用方向基本正確。至少經過十餘年的風險考驗，我國家安全仍獲得相當程度保障。

但確定中共武力犯台爲我國家安全的最大威脅，並不表示應將全部安全資源投入此一威脅中。因為國家安全仍有諸多面向，也就是說要從許多不同方向探討，才能真正理解國家安全的意義而不失於偏頗。

以下從四個面向進一步探討我國的國家安全。

國家安全與國家利益

國家安全的威脅是主觀認知，同時也極難度量。我們雖然可以說在甚麼樣的情況下國家安全受損，但很難說受損多少。例如中共在台海附近進行一連串的軍事演習，造成人心不安台灣股匯市暴跌。這的確損害我國家安全，但無法度量損害多少。因為暴跌的股匯市在不預期的非經濟因素消失後仍會快速回昇。同時，必須考慮為消除這種安全威脅我們願意付出多大代價？是否還會有其他的安全威脅消耗我們的資源？腓特烈大帝曾經說過：**凡企圖保護全部的人，那將甚麼也保護不了**。曾國藩也指出：**軍事無萬全，求萬全者不得一全**。

為解決這種困擾，國家利益（national interest）的概念因此而生。傳統上，成為國家安全思考的主要依據。當國家利益受威脅或損害時，就表示國家安全受到損害。因此，安全戰略的主要思維就在界定國家利益，並且區分利益大小，排定使用資源武力的優先順序。

所謂國家利益，可以簡單的定義為：[11]

凡是國際事務中對國家整體有利益的事。

如果是國內事務對國家整體有利，則為公共利益。以美國的做法，是將國家利益區分為攸關利益（vital interests）、重要利益（critical interests）、週邊利益（peripheral interests）[12]。凡危害其攸關利益者，只有使用武力一途；因為失去攸關利益將直接危害美國安全。至於重要利益，有時也要將之視為攸關利益處理，因為重要利益是界定在：失去後將威脅攸關利益。所謂周邊利益，則是指敵對強權取得某一利益後，會在遠處威脅重要利益或攸關利益。因此週邊利益雖然也屬於國家利益的一部份，但還不到使用武力以爭取的地步。

【永遠的利益】

曾經擔任英國外交大臣及首相（1855-1858，1859-1865）的帕默斯頓勳爵（Lord Palmerston）有個非常著名的名言，可為國家利益下註腳：

我們沒有永遠的盟友，也沒有永遠的敵人，只有永遠的利益；而追求此等利益乃為我們的責任。

他曾經支持希臘的獨立運動，但當外交大臣時卻主張希臘必須接受英國、法國、俄國的監督。他認為列強中只有俄國與法國能直接危害英國的利益，因此必須永遠不讓法國與俄國聯合起來反對英國。默斯頓勳爵從1830年開始數度擔任英國外交大臣，活躍到1865年。是歐洲非常有影響力的政治家。他死後人們的評價是：沒有哪個政治家或政治集團，能夠俱有像帕默斯頓勳爵那樣非凡的影響力。

民國91年版《國防報告書》設定我國家利益是：[13]

中華民國基於三民主義，為民有、民治、民享之民主共和國，並始終為達成自由、民主、均富的目標，奮鬥不懈。

基於此一前提，並考量當前兩岸分治現狀，現階段中華民國的國家利益包含：

- 確保國家生存與發展。
- 維護百姓安全與福祉。
- 保障民主制度與人權。

這是相當抽象的國家利益概念。說明的是國家安全的最後底限，也就是「攸關利益」，一旦受威脅，將影響國家的生存，必須進一切力量掃除。因此在上述敘述後的解釋是：

上述利益之保障，則需要堅強的國力作為後盾，並賴穩定的政治、繁榮的經濟、安定的社會、務實的外交、創新的科技，及一支具有嚇阻力量的強大國軍，充分配合，始能達成。

因爲要排除威脅，勢必動用軍事武力。這也就是安全戰略乃以軍事戰略爲核心的原因。

比較美國與我國之國家利益觀。美國仍採用傳統的國家利益觀，這與美國是當前唯一擁有全球利益的國家有關。美國必須將全球各地的利益具體區分，才能有行動準據。譬如：美國把波斯灣地區視爲美國的攸關利益，因爲當地石油的安全生產與自由運輸直接關係美國的能源使用，進而影響經濟發展。因此當伊拉克奪取科威特時，必須全力干預。但印尼的民眾暴動，則僅視爲周邊利益，至多表達關切而已。當然，這也是因爲美國擁有全球最強大的軍事武力，有能力支持其確保利益的作爲。我國面臨的安全形勢則遠較美國單純，因此直接劃出「紅線」，以堅定國家意志。

事實上，傳統的國家利益觀在綜合性安全概念出現後已逐漸沒落。因爲就理論而言，國家利益概念隱藏著相互對抗的思維。如果強權國家都將自己的國家利益視爲不可侵犯的聖地，必然侵犯其他國家的國家利益，也埋下衝突與戰爭的種子。在全球化時代，各國愈來愈密切的經貿合作關係，使任何戰爭帶來的利益都未必能彌補其損失。各國要尋求共同性安全與合作性安全，就必須將自己的國家利益建築在與各國的合作上，而不能堅持其不可侵犯。

因此，進步的國家利益的概念，應該建築在各國的相互合作上，以尋求共同利益，爭取雙贏機會。這或許是我國以抽象概念設定國家利益，而不具體敘述的原因。甚至由國家利益界定的國家安全目標同樣以抽象概念描述，並沒有採用操作性的定義。也就是說，沒有列出任何地理的或可計量的目標，這使實務作爲上可以有較寬廣的解釋空間：[14]

(一)確保國家主權的獨立與完整。

(二)維持兩岸關係穩定，促進亞太地區的和平與安定。

(三)維持經濟繁榮與成長，確保國家的持續生存與發展。

(四)深根臺灣、布局競逐全球。

有關當前國家利益與國家目標，在第七章「國家安全戰略體系」中有更深入的解析。

國家安全的國際保障

國家尋求安全的方式，除了增強自身的武裝力量，也可以爭取國際支持。這有兩個途徑，一個是集體安全，一個是集體防衛。

所謂集體安全（collective security）就是對付自持武力大國的一種手段。在國際間「合法暴力的壟斷者」，也就是「世界政府」出現前，透過「全體對付一個」（all against one）的原則，以對付破壞和平或侵略者。[15]目前唯一的集體安全機制就是聯合國。

我國如果能加入聯合國，理論上可以獲得集體安全的保障。但是否能加入聯合國？這是個政治性問題。

就理論面而言，聯合國沒有拒絕我國參加的理由。事實上，在瑞士與東帝汶於 2002 年成爲聯合國會員後，中華民國是唯一不是聯合國會員的主權國家。另外兩個較特殊的觀察員，一個是羅馬教廷，另一個是巴勒斯坦。而巴勒斯坦還沒有正式建國。如此更突顯中華民國的不能入會爲不合理。但就實際面而言，依據聯合國的制度設計，加入聯合國必須先經過安全理事會通過，再向聯合國大會推薦，經大會 2/3 成員國同意後才得入會。中共是聯合國安全理事會擁有否決權的常任理事國；沒有中共首肯加入聯合國幾乎不可能。如果我國加入聯合國的目的就是希望在集體安全機制下免於中共的武力犯台。則就邏輯而言，中共沒有支持我加入聯合國的理由。

另一個途徑是集體防衛，也就是爭取與他國結盟。

集體防衛在理論上是「權力平衡」(balance of power)：指競爭的國家或國家集團間權力大致相當，以實現和平共存。西方最成功的集體防衛就是「北大西洋公約組織」(the North Atlantic Treaty Organization，NATO)。這是冷戰時期，在歐洲為對抗共產政權的擴張所成立的集體防衛組織，與蘇聯主導的「華沙公約組織」相互對峙。雖然一直在戰爭陰影下，但因雙方權力平衡，實現了歐洲冷戰時期的和平。

因為中共國家權力遠大於我國，如果要以權力平衡尋求國家安全，軍事結盟確實是一個合理的選項。

亞太地區足以與中共抗衡的集體防衛組織，只有美國主導的雙邊或多邊的軍事合作。包括：

- 美國與南韓的「安保條約」及「軍隊地位協定」(Status of Force Agreement)。
- 美國與日本的安保條約。包括「廿一世紀美日安保聯合宣言」及「美日防衛合作指南」。
- 美國與菲律賓的「部隊到訪協議」(Visiting Force Agreement)。
- 美國與泰國的「戰爭物資預儲協議」(War Reserve Stockpile Agreement)。
- 美國與新加坡的「使用權利備忘錄」(Access Memorandum of understanding)。
- 美國與汶萊的「國防合作備忘錄」(Defense Cooperation Memorandum of understanding)。
- 美國與澳洲、紐西蘭的「美澳紐公約」(ANZUS)

及美國與澳洲的「加強防衛合作宣言」。

- 美國與馬紹爾群島、帛琉共和國、密克羅尼西亞聯邦等簽定「自由聯盟」所作的安全承諾。

亞太地區並沒有類似歐洲北大西洋公約組織的集體防衛體系。這出於歷史的因素與各國利益上的考慮。在這種情勢下，我國欲尋求結盟，上述架構唯有美日安保體系較爲適宜。

美日安保體系雖然只是兩個國家的軍事結盟，日本所扮演的角色還只是提供基地及後勤支援而已，但軍事實力之強卻僅次於北約。在日本的美軍基地與設施，已是美軍全球作戰、後勤、資訊和情報網路的重要環節。譬如座落在嘉手納、入間、大和田的高頻率通信系統，是美軍太平洋司令部與戰略司令部通訊網絡的一部份。沖繩的超低頻率通訊設施，是美國海軍全球六個提供核子潛艇通訊的設備之一。美軍西太平洋的油料補給，百分之八十依賴日本境內美軍基地；彈藥儲存也超過百分之五十。可見日本作爲美軍在亞太地區軍事存在基礎的重要性。

【國家權力】

要理解權力平衡，就要理解甚麼是「國家權力」(national power)。權力的概念來自政治學，很抽象，但是很好用。如果個人從事政治是爲追求權力，所謂「權威性分配」；那麼國家在國際社會中同樣是爲追求權力。國際關係就是權力關係。

但甚麼是國家權力？如何界定？如何產生？

國家權力可視爲一種影響力，如果乙國有意做某事或不做某事，而甲國能使乙國改變，那麼就表示甲國的國家權力大於乙國。所以國家權力是一種相對的概念。

甲國如何影響乙國？

她可能使用武力威脅，所以軍事力量是權力來源之一。

也可能透過經濟的合作或不合作誘引，所以經濟力也是權力來源之一。

也可能憑藉著廣土眾民，乙國不願得罪，所以人口及領土的多寡也是權力來源之一。

也可能使用道德勸說，這表示國際威望也是權力來源之一。

或者展現堅定意志，乙國不願僵持，算了。所以國民心理也是權力來源之一。

總而言之，因爲權力是相對的，所以很難用同一標尺來衡量。某些學者雖設計計算國家權力的公式，但都被批評爲不夠周延。我們說美國的國家權力最大，大概沒有人否定。但是中共與日本誰的國家權力大，就很難說了。

美日安保體系與台灣的相關性還有實際上的意義。因爲條約中指出「美日兩國基於條約，共同關心遠東的國際和平與安全的維持」，遠東地區的定義雖強調「不是地理學上固定」的概念，但包括台灣應無疑義。台灣尋求加入美日安保體系有合理性。只不過一旦如此，很容易被解釋爲：台灣加入美日軍事同盟，圍堵中國，並阻止中國崛起。這將刺激中共的民族情緒，反有引發戰爭的危險。換言之，將陷入安全困境，尋求安全的作爲反成爲安全威脅的來源。這也是美日安保直到目前爲止，並不考慮台灣加入的原因。

台灣尋求加入美日軍事同盟可作爲國家安全戰略的選項之一。只是成功與否並非操之在我，而且其利弊得失也必須謹慎評估，否則將無法通過風險的考驗。

國家安全與政治統合

我國家安全戰略的另一個選項就是排除對抗，尋求政治統合。基本概念民國九十年的元旦祝詞中，陳總統提出的「兩岸永久和平，政治統合的新架構」。雖然所謂「政治統合」的實質內涵並沒有完整架構，但是基本上對中共的定位不再是敵對者，甚至不是競爭者；而是統合過程的合作者。

尋求政治統合有「過程」的意義，凸顯台灣與大陸並非統一的政治實體，否則不必統合。但同時有「目標」的意義，表示兩岸最終要統合在一個政治體系下。這在台灣分歧的「統一」與「獨立」意識型態對抗中，成爲最大公約數的機會很高。只是中共認爲「統合論」違反其「一個中國」原則而無意接受。

政治統合的概念來自整合（integration），而且以歐洲整合的經驗爲藍本。所謂「整合」，是指一種社會意識，以及在社會、外交、軍事上的實際發展；能保證在長期間內，預期人民間只有和平存在。包括兩個指標：

（一） 兩個或多個政治單位的決策者及其所屬的社會，已經不打算相互間還有戰爭的可能。

（二） 兩個或多個國家，不再把資源分配在軍事能力上，也不以彼此作敵對的目標。[16]

就前述指標而言，兩岸政治統合還有一段漫長的路要走。就歐洲經驗而論，政治整合是以經濟整合爲先鋒，只有當彼此的經濟利益緊密結合，才有建立放棄敵對意識，排除戰爭的可能。

【區域經濟結盟】

區域經濟結盟的種類繁多，隨著整合程度之不同而有：貿易優惠協定（Preferential Trading Agreement，PTA）、自由貿易區（Free Trade Area，FTA）、關稅同盟（Customs Union，CU）、共同市場（Common Market，CM）、經濟同盟（Economic Union，EU）。

- 貿易優惠協定（PTA）：初步之經濟結盟，成員國互相削減關稅與非關稅障礙。
- 自由貿易區（FTA）：成員國完全消除彼此的關稅與非關稅障礙，但區內各國對外之貿易政策仍由各國自行制訂。
- 關稅同盟（CU）：成員國除完全自由貿易外，對區外國家也採取相同之關稅與非關稅之貿易政策。
- 共同市場（CM）：除自由貿易與統一對外之貿易政策外，同時區內之各項生產因素（如勞力與資本）亦能在區內不受限制的自由移動。
- 經濟同盟（EU）：最高之程度的經濟結盟，除達到共同市場之要求外，區內對某項經濟議題（如農業政策與貨幣政策）也採相同措施與政策。

國家安全與危機管理

國家安全的另一個面向，可從危機管理的角度探討。因爲綜合性安全概念原本就包括天災、人禍。以台灣地區特殊的自然環境而論，包括颱風水災乾旱地震等自然災害，都可能成爲國家安全的重大威脅。國家可以從危機管理的角度，尋求處理這些危機的機制。

以美國而論，處理天災的機構是聯邦緊急應變中心(Federal Emergency Management Agency，FEMA)。這是個無論是否有無災害都 24 小時運作的機構。FEMA 層級很高，直屬總統；有相當的專業的救難專家、活動通訊設備及波音 747 飛機。而且在必要時可以直接指揮陸軍部隊或調動空軍的運輸機，不需要透過國防部。這使美國能夠有效率地進行災難的緊急應變。

我國主管全國救災的行政機關是消防署。沒有 24 小時運作的機制，只在災難發生時緊急成立「中央防救災中心」，這是個臨時性的任務編組。

事實上，政府必須緊急處理的災難並不只有天災而已。某些突發事件若不有效處理會形成意料之外的大災難。譬如電腦病毒在侵入交通或金融系統後發作、大規模的通訊中斷、長時間的大停電、核電廠意外、水庫潰壩等等。這些都可能因爲恐佈份子的攻擊而出現。如果進一步探討這些災害的本質，「戰爭」又何嘗不是具有總和性質的災變。這些災難和天災一樣，都會衝擊人心而引發社會崩潰的危機。

基於此一概念，美國 FEMA 發展出整合性危機管理系統(Integrated Emergency Management System, IEMS)以綜理全國各類型危機。有效因應日益增多的各種天災人禍。就民防（civil defense）的角度而言，此一系統兼具平戰時處理天災與兵災的「雙重用途」。

依據民國 91 年版的《國防報告書》，在「全民防衛動員準備法」通過後，負責全民防衛的協調機制：「全民戰力綜合協調組織」不僅在戰時發揮作用，在災難或緊急應變時同樣可轉換成「全民戰力綜合協調中心」以整合政府、軍事、民間力量，予以統籌運用。但因爲該法在民國 90 年底才公佈，是否真能發揮作用，還需要進一步檢驗。

國家安全的其他觀察面向

國家安全是個很複雜的概念，觀察的面向絕不只前述而已。如果要進一步研究我國的國家安全，還可以從經濟面討論兩岸加入世界貿易組織（WTO）、兩岸直接通航等問題。因爲開放大陸商品及勞務進口，可能危害台灣情報與治安；同時，兩岸直航也可能降低我空防預警能力；這都威脅我國家安全。但台灣如果不融入以中國大陸爲主體的大中華經濟圈，不利用大陸的資源與市場，那麼經濟發展就有被邊緣化的危險；同樣也威脅國家安全。這使我們在思考國家安全時面臨兩難情境。

或者，我們也可以從社會面探討言論自由以及傳播媒體的自制問題。因爲傳播媒體如不自制，就可能在言論自由的保護傘下洩漏國家機密，危害國家安全。但國家安全同樣也可能被過度膨脹，成爲政客躲避監督，甚至強化社會控制的藉口。

國家安全概念內涵豐富，有待在更專業的論述中探討。無論如何，國家安全絕不只於軍事安全，更不是情報安全。在綜合性安全的概念下，必須從更全面的視野觀察才能建立正確的認知，真正確保國家安全。

建議記憶或理解的問題：

一、國防透明化的最主要工程爲何？
二、現代對嚇阻的定義爲何？
三、成功嚇阻的條件爲何？
四、何謂共同性安全？何謂合作性安全？
五、何謂「整合」？其指標爲何？

建議思考的問題：

台灣加入聯合國的議題一直是民進黨政府努力的目標，雖然機會極微，但仍每年努力。你認爲：加入聯合國的優、缺點爲何？每年不斷努力爭取加入聯合國的利弊又爲何？

【注解】

[1] 國防部主編，《中華民國八十一年國防報告書（修訂版）》，台北：黎明文化，1992，頁 40。
[2]《中華民國八十九年國防報告書》，台北：國防部，2000，頁 122。
[3] John Jorgen Holst, "Confidence-Building Measures：A Conceptual Framework," *Survival,* Vol.25,No1(1983), p.2。
[4] Abram N. Shulsky，《嚇阻理論與中共的行爲》，台北：國防部史編局譯印，2001，頁 25。轉引自 Alexander L. George & Richard Smoke，《Deterrence in American Foreign Policy：Theory and Practice》，New York：Columbia University Press，1974，p.11。
[5] 在國際政治或國際關係的領域中，第一次世界大戰後的主流思想是「理想主義」。理想主義企圖透過法律以維持國際和平，但因第二次世界大戰的出現而失敗，被斥之爲「空想」。第二次世界大戰後因此流行「現實主義」，完全排除理想主義色彩。但過於強調利害關係而否定國際規範的價值體系，也被嚴格批判。目前這兩派理論都已向中間修正。有關此一學術思潮的演變，請參考王逸舟，《國際政治學-歷史與理論》，台北：五南出版社，第二章「從理想主義到現實主義」。
[6] 中華民國國防部《中華民國九十一年國防報告書》，「序言」，電子化文獻：http://www.mnd.gov.tw
[7] 林正義，「亞太安全保障新體系」，問題與研究，第 35 卷 12 期，1996，頁 2-3。
[8] 國防部主編，《中華民國八十一年國防報告書（修訂版）》，頁 40-41。
[9] 國防部主編，《中華民國八十二~八十三年國防報告書》，台北：黎明文化，1994，頁 60-61。
[10] 中華民國國防部《中華民國九十一年國防報告書》，「序言」。

[11] Michael G. Roskin 「國家利益：從抽象觀念到戰略」，《美國陸軍戰爭學院戰略指南》，台北：國防部史編局譯印，2001，頁 101。

[12] 國家利益的區分有很多方式，某些學者，譬如 Thomas W. Robinson 甚至將之區分爲九項。現實主義大師 Mogenthau 則區分爲重要利益與次要利益。重要利益攸關國家生存，次要利益則可以妥協。見 Hans J. Mogenthau《The Impasse of American Foreign Policy》，Chicago：Univ. of Chicago Press，1962，p.191。本書採用尼克森（Richard Nixon）的論點，因爲他曾經擔任過美國總統，對國家利益的看法自有其獨到之處。Richard Nixon，丁連財譯，《新世界》，台北：時報出版，1992，頁 25-26。

[13] 見中華民國國防部《中華民國九十一年國防報告書》，「緒論」。但有趣的是，在「第二篇 國防政策」中只列舉前兩項國家，少了第三項：「保障民主制度與人權」。這現象是否因某些突發的理由，形成兩者的不一致？請自行判斷。

[14] 中華民國國防部《中華民國九十一年國防報告書》，第二篇「國防政策」。

[15] 彭懷恩，《國際關係與現勢 Q&A》，台北：風雲論壇出版社，1999，增訂版，頁 195。

[16] Karl W. Deutsch，《Political Community and the North Atlantic Area》，Princeton：Princeton University Press，1957，pp. 156-158。

第三章

全球安全

對安全環境的探討（一）

本章從全球安全的角度討論安全環境。我國是國際體系的一份子，不能脫離國際影響單獨存在，因此探討我國的安全環境應先從全球安全著眼。

本章首先以「國際體系」理論探討當前國際關係架構。並從歷史角度探討美國在冷戰時期兩極對峙情勢下安全戰略運作的過程，以理解當前國際情勢變化的本源。

第二節則用「全球化」面向探討當前國際情勢。全球化影響下的世界已經與過去大不相同，必須以新的思維理解新的規則。本節除探討全球化的概念外，也討論軍事全球化，以及對國際安全及戰略的衝擊。

第三節則引用 91 年版《國防報告書》中對影響安全因素的論述，分析可能影響我國安全的國際因素。並論證全球化愈深的國家間愈不容易發生戰爭的命題，使吾人能以前瞻性的角度，理解台灣在全球化時代所面臨的安全環境。

國際體系

在《中華民國九十一年國防報告書》第一篇「國際安全環境與軍事情勢」開宗明義的敘述如下：[1]

二十一世紀初的國際局勢，呈現多邊合作型態，並由獲取經貿實質利益，取代了對抗與衝突。綜觀全般國際情勢，雖然充滿不確定的因素，但所展現的正面發展意義，仍值得世人欣慰。

不過，在慶幸之餘，國際間所充斥的各種複雜、詭譎與多變的危險因子，卻不能予以忽視，其對現有安全環境仍可能形成安全上的挑戰。尤其，全球雖由不同人種、族群構成，但在資訊與網路科技高度發展下，儼然成為一個「地球村」，任一區域的動亂，皆可能在極短時間內擴散至全世界，產生難以預期的影響。

冷戰結束後，世界局勢由兩極對峙轉為一超多強，競爭與合作關係常相交替，難以明確劃分；當前的安全概念，實已超越單一的軍事或政治層面，擴及到經濟、能源、環保、科技等層面。

因種族、宗教信仰、領土爭執、資源爭奪等所衍生的區域性衝突，仍為全球潛在安全挑戰。二００一年九月十一日，美國本土遭受恐怖份子攻擊，震驚全世界，對國際安全產生巨大衝擊，並影響到各國戰略布局態勢；恐怖主義的威脅，已成為國際安全的隱憂。其他諸如危險軍事科技的擴散、跨國犯罪、毒品交易、難民等，亦均可能對安全構成挑戰，危害到人類的生活與福祉。

這是一段描述對當前國際安全環境的觀察。所謂「兩極對峙」、「一超多強」的論述採用的概念是「國際體系」。這是個在分析國際形勢時相當好用，也是相當重要的理論。

結構現實主義者的論點

「國際體系」的概念，是運用「系統理論」，將國際社會視為一個系統。國際體系一旦形成，就可以從「國際結構」的系統功能推論國家的國際行為。[2]

所謂國際結構，指的是國際體系的組成單元，彼此的相對地位及關係。至於「國際體系」的組成單元，現實主義者的觀點主張是「國家」。但自由主義或全球主義則認為，包括有影響力的個人、跨國公司，以及非政府組織（Non- Governmental Organization，NGO）等，都算是組成國際體系的單元。

提出「國際體系」的大師，是美國國際政治學者肯尼斯・華爾茲（Kenneth Waltz）；他延續現實主義的假設，包括國際無政府狀態、權力平衡、國家利益等概念。因此屬於現實主義學派。他提出的國際體系，從系統理論的結構著手，以科學的分析方法建構其國際關係理論，一掃傳統現實主義僅依靠觀察歸納結論，卻缺乏科學抽象分析的研究方法。因此被稱為「結構現實主義」甚至「科學主義的結構現實主義」。

【系統理論】

無論懂不懂「系統理論」，至少這個詞彙大家都耳熟能詳。

一般系統理論（general system theory）是生物學家巴特蘭菲（Ludwig Von Bertalanffy）所提倡，企圖從不同學科找出類似的結構與現象，建立一套都能適用的理論。無疑這是很成功的。因爲系統理論現在已經廣泛運用到生物系統、社會系統、經濟系統與政治系統，成爲各領域的宏觀共象。

只要是由相互關聯，但可以區分的部分，所組成的一個整體，就構成系統。這是構成系統的兩個要件。如果不可區分就不成系統；如果可區分的部分間沒有關聯，也不成系統。一架飛機上的乘客不構成系統，因爲彼此間沒有關聯；但如迫降荒島，必須互助求生，彼此間就產生關聯而成爲一個系統。

每個系統都有結構，就是系統組成部分（單元）間的安排。系統間的每個單元都有功能，但其功能受結構限制。因此，只要理解一個系統的結構，也就是每個單元彼此的關係，就可以推斷其功能。譬如，一般企業系統的結構，有管理者、生產者、行銷者。決策功能在其執行長（CEO），生產功能在工廠，行銷功能在業務部。我們只要理解某人在企業扮演的角色，即可推斷其功能。

要改變一個系統，必須改變其結構；僅改變其組成單元的功能沒有作用。只要結構改變，單元功能自然改變。

肯尼斯・華爾茲國際體系的主要論點：

- 國際體系是個自助體系；在此一體系中，國家依照其權力大小排列。國家行爲的變化，主因是權力大小的不同，而不在其意識型態或政府型式。

- 權力是國家可能使用的手段，但國家追求的主要目標並非權力，而是安全。（認爲國家目標爲追求權力，是現實主義的傳統觀點）
- 國家間的權力不平等並非壞事，甚至有其優點。各國如果極端平等，世界將會不穩定。就因爲國家的不平等，才能使有更強權力與威信的國家建立起有效的階級制度與規範體系。
- 現代國際戰爭或國際和平，最終於仍取決於國際體系中的大國關係，尤其是國際安全的基本結構。
- 對國際事務的管理上，「兩極世界」結構是最合理有效的。

國際體系當然不只「兩極世界」。另一位國際結構理論大師卡普蘭（Morton A. Kaplan）在 1957 年提出「國際系統」學說，就提出了六個國際系統的主要模式。包括均勢系統（the balance of power system）、鬆散的兩極系統（the loose bipolar system）、緊密的兩極系統（the tight bipolar system）、普遍的國際系統（the universal international system）、階級的國際系統（the hierarchical international system）、單位否決國際系統（the unit veto international system）。[3]但肯尼斯．華爾茲就是對「兩極世界」的國際體系特別推崇。

他認爲，第二次世界大戰後世界能維持長期的和平，就是因爲國際體系是兩極世界的關係。因爲如果存在三個或三個以上的大國，同盟的靈活性使友好或敵對的關係變幻莫測，每個國家對現在或未來的權力關係捉模不定；各國在計算相對力量時可能出現誤判。不確定性及計算錯誤只會導致戰爭。而在兩極體系中，各國參予集團非我即彼，關係簡單，不確定性減少，戰爭反而不易發生。[4]

不過，持反對意見者也不少。有學者認爲，兩極體系只是表面穩定，潛在的競爭會製造多種衝突，反不如多極體系穩定。事實上，何種體系較爲穩定至今並無定論。也有學者認爲，純就軍事及安全考量，一個單極的霸權最爲穩定，如同古時羅馬帝國的霸權一般。雖然其他國家或許會失去某些自由，但至少不容易有戰爭。這就是所謂的「霸權穩定論」。

兩極體系在 1990 年代蘇聯崩解後，已經瓦解。國際體系呈現一個超級強國－美國，以及多個強國，包括俄羅斯、歐盟、日本、中共等的「一超多強格局」。此一體系是否如肯尼斯．華爾茲的論述，不如兩極體系穩定？還是在一個超級霸權的強力規範下反呈現相對穩定狀態？或者終將過渡到多極體系？這些仍有待觀察，目前尚未定論。但國際體系的確是個相當不錯的分析架構，值得參考。

冷戰時期的美國安全戰略：地緣政治的觀點

本節分析美國在冷戰時期「兩極對峙」國際體系中的安全戰略。「兩極對峙」的結果是蘇聯瓦解，美國獲勝，目前更成爲世界唯一的超級強權。從歷史角度看，顯然其安全戰略佈局是影響國際體系的主要因素，而且在繼續影響中，因此有必要予以探討。

【理想主義與現實主義】

國際關係理論的兩大支柱，一個是理想主義（Idealism），一個是現實主義（Realism）。這兩大主義固然爭論不休，但對美國的安全政策，也就是戰略及外交的影響則非常鉅大。

第一次世界大戰後的主流思想是理想主義。這與當時的美國總統，也是唯一的學者總統威爾遜（Woodrow Wilson）的提倡密切相關。

威爾遜在第一次世界大戰結束的 1918 年，提出的「十四點和平計畫」即為理想主義的濫觴。他主張公開外交、海洋自由、解除軍備、消除經濟保護政策障礙、民族自決、建立國際機構等。由於成立國際聯盟，建立了集體安全制度，使國際秩序制度化，理想主義因而成為主流。

第二次世界大戰的爆發，證明理想主義的不可行。理想主義因而被批為「烏托邦主義」，現實主義興起。現實主義認為人性本惡，認為國際社會是無政府狀態，強調權力政治、理性評估，主張權力平衡等。美國戰後的安全戰略，基本上即根據現實主義者的假設設計。

兩大思潮的爭論直到今日仍未休止。但雙方都有向中間靠攏的趨勢。因為不顧現實的理想主義只是空談，沒有理想的現實主義則不道德。這論點目前已成共識。

第二次世界大戰後，蘇聯崛起，以共產主義鼓動無產階級革命，席捲東歐及中國大陸，並且繼續向亞、非及拉丁美洲擴張中。美國則以民主與資本主義與之抗衡，兩極對抗的國際體系於是形成。

面對共產主義不斷擴張的壓力，美國的學術界建構了不少理論。尤其是現實主義的興起，完全取代第一次世界大戰後理想主義的主流地位。其中的地緣政治學派雖然在學術地位上較不受推崇，但因有一套獨特的觀點及實踐方法，影響美國的安全戰略極深。美國冷戰時期安全戰略的兩大主軸：「圍堵」及「嚇阻」。其中圍堵理論即爲地緣政治的產物。從地緣政治的觀點探討美國在兩極對抗中的作爲，較爲清晰且能掌握重點。

1947 年，任職美國駐俄大使館的喬治・肯南(George F. Kennan)，以「X」爲筆名，在「外交事務季刊」上發表了一篇影響深遠的論文：蘇俄行爲的泉源(The Sources of Soviet Conduct)。主題即探討如何圍堵蘇俄的力量。他認爲，無論就歷史背景與意識型態兩方面而言，蘇俄都會將其政治控制力延伸至戰後的地理範圍以外。於是他促請美國政府採取一種「**遠程持久但堅毅機警的『圍堵政策』**」以對付蘇俄的擴張。並「**針對蘇俄政策的變化，對一連串不斷發生變化的地理性與政治性要點，施以有技巧地反擊……**」。此一政策並非旨在保護歐亞兩洲人民免於遭到共產主義的奴役，而是以兩次大戰的慘痛經驗爲基礎，認爲美國的安全是建立在歐亞大陸的權力均勢中，如果坐視蘇俄的擴張，最後終必遭到危險。

肯南理論的基礎來自麥欽德的「心臟地帶」理論。麥欽德(Halford J. Mackinder)，英國地理學家，西元 1904 年他提交英國皇家地理學會(The Royal Geographical Society)一篇題爲：「歷史的地理重心」論文 (The Geographical Pivot of His tory)，以歷史的角度探討地理因素對國際權力鬥爭的影響。

1919 年，第一次世界大戰結束時，麥氏對參加巴黎和會得出席人員，發表：民主的理想與現實(Democratic Idealistic Reality) 的演講，更進一步闡揚其理念。這篇演講摘要自其同名的 200 頁鉅著，是現代地緣政治學的寶典。

他認爲，歷史是各國與各帝國間權力鬥爭的紀錄，而影響這種權力鬥爭的關鍵因素則爲地理。世界是由佔一個全球面積十二分之九的海洋，一個面積佔全球十二之二的大陸，以及很多個總面積佔全球十二分之一的島嶼所組成。於是他將橫跨歐亞非三洲的大陸稱爲世界島(World Island)。世界島的中央戰略位置，爲心臟地帶(Heartland) 。而這一塊寬闊的陸地如果被一個強壯的民族加以有組織的統治的話，世界均勢將被扭轉。他的結論非常引人注意：

> 誰能統治東歐，就能控制心臟地帶，
> 誰能統治心臟地帶，就能控制世界島，
> 誰能統治世界島，就能控制全世界。

第二次大戰後的蘇聯顯然已控制東歐，並以意識型態爲基礎向中國及其他地區擴張，逐漸控制心臟地帶，美國要阻止蘇俄的擴張，採用圍堵是一種自然的選擇。肯南因此被公認爲「圍堵理論」之父。

事實上，自 1947 年以來，美國的安全戰略是以下列三項地緣政治的假設爲基礎：

（一）假如全部或大多數的歐亞大陸被一個敵意國家的

政治勢力所統治，則美國的安全就會受到嚴重的威脅。

（二）控制心臟地帶的國家－蘇聯，對歐亞大陸形成最大的威脅。

（三）蘇俄在其世界革命的意識型態下引導，透過代理人向全球擴張其勢力。而美國必須在這些衝突地區介入，以阻止並圍堵蘇俄。

當 1949 年中共奪取大陸政權後，向蘇聯「一面倒」的結盟，則共產勢力幾乎已佔領歐亞大陸大部分地區，就地緣政治觀點，美國確實深感受嚴重威脅。

1950 年美國介入韓戰，1954 年第一次台海危機中大力支持中華民國，1964 年介入越戰；都可以看出美國圍堵共產勢力擴張的痕跡。1979 年與中共建交，同樣出於地緣政治的考量；因爲分裂歐亞大陸的統一強權（指共產集團），進一步促成歐亞大陸均勢的形成（指支持中共與蘇聯對抗），符合地緣政治理論的假設：只要維持歐亞大陸的權力平衡，就可以維持美國的安全。就算從圍堵的觀點來看，圍堵線向亞洲內陸延伸，也符合何美國利益。只是在這種情況下，原來南韓－日本－台灣－東南亞的圍堵線就成爲第二線，重要性遠不如中（共）美建交前。台灣對美國的戰略地位也就因此下降。

一超多強格局的探討

冷戰結束後，兩極體系崩解。但當前世界的國際體系將成爲何種結構則有不同看法。國際體系理論原本就認爲，現代國際戰爭或和平最終於仍取決於國際體系中的大國關係。因此，「一超多強」的格局爲多數學者接受。問題只是「一超」的美國是否承認「多強」的權力？哪些國家可列爲大國？未來是朝是單極化的「一超」結構發展？還是向多極化的「多強」結構？哪一種有利於國際社會的穩定？而穩定又必須付出何種代價？種種爭論直到目前仍持續不斷。

從美國利益的觀點，當然是走「單極」路線，不承認有所謂「多強」的存在。因爲美國在世界任何角落都可以遂行其意志，不必取得其他區域大國的支持，只要不反對即可。美國因「911 事件」發動的反恐戰爭，輕易就獲得中亞各國及巴基斯坦的支持與合作，完全不需要中共與俄羅斯的協助。而傳統上，中亞一向被視爲俄羅斯的勢力範圍，巴基斯坦一向被視爲中共的勢力範圍。這是因爲美國今日權力之大，已非任何大國所能比擬。甚至所有大國權力的總和，都未必能超越美國。這也是美國有些學者認爲，美國是人類有史以來權力最大的「世界帝國」的原因。

但這種世界觀過於強調「現實性」而缺乏「理想性」。美國雖有全球最強大的國家權力，但企圖擺脫聯和國獨行其事的做法卻未必能真正帶來世界的穩定與和平。美國傳統的歐洲盟邦，已經對美國視北約的支持爲理所當然，卻不願簽署抑制溫室效應的「京都議定書」，拒絕加入「禁止生化武器公約」，拒絕參加「國際刑事法院」等作爲感到不滿。

對包括中共在內的其他歐亞大國而言，希望國際體系是多極化。但以目前美國的國家權力之大，沒有任何國家能與美國比肩，多極化並非事實。因而退而求其次，尋求一超多強。不反對美國超級霸權的地位，但也希望美國承認並尊重其他區域強國的權力。也就是說，除了美國之外，其他大國都希望國際體系是一超多強。

在層級化的國際體系中，大國必須要擁有區域影響力才算，但並沒有具體的標準。因此面臨另一個問題是，有哪些國家算是大國？傳統大國，如俄羅斯、英國、德國、法國、日本等，應該可算在其中。但歐洲整合後，英、德、法三國是否能獨自遂行其意志？還是視為一個整體，目前仍在變動過程中。中共正崛起，其大國地位已不再受質疑。但如印度之流擁有核武的國家，是否算大國？又有爭論。

兩極解構後，新的國際體系正重組中。中共在諸多場合不斷強調「一超多強」以及「綜合國力」概念以爭取大國地位。其實除了人口及土地之外，無論就經濟力、軍事力都差其他大國遠甚。但在不斷爭取過程中，卻有可能成為「自我實現的預言」；無論本身實力如何而取得大國的影響力。

全球化趨勢與影響

91版《國防報告書》對國際安全環境的另一段敘述：

全球雖由不同人種、族群構成，但在資訊與網路科技高度發展下，儼然成為一個「地球村」，任一區域的動亂，皆可能在極短時間內擴散至全世界，產生難以預期的影響。

這是用另一個面向探討國際環境：全球化（globalization）趨勢。這是很重要的概念，並逐漸取得主流地位。這也是爲何本章標題會使用「全球安全」而不用「世界安全」或「國際安全」概念的原因。

全球化現象

冷戰結束後，已確定全球化時代來臨。這個在60年代即在法國及美國出版品中揭示的概念，直到90年代才爲人們所注意；但卻在二十世紀末，幾乎一夕間成爲各領域都關注的議題。無論政治、經濟、文化、社會……等學術領域都感受到全球化衝擊。全球化不僅用來描述世界經濟體系的一體化現象，也顯示人類社會的變遷，或者更預言世界文明發展的方向。

全球化是個可從多角度探討的概念：對經濟學家來說，全球化或許表示如歐聯或亞太經合會等經濟體統合的趨勢；對社會學家來說，全球化或許表示如追隨廣告媒體消費等的社會同構現象；對政治學者來說，全球化或許表示如國際干預的不斷擴大及中小型國家主權日益受限的趨勢；對戰略學者來說，全球化或許表示比以往更寬廣的總體性軍事、政治與經濟結合的視野。

以不同面貌展現的「全球化現象」說明了一個不一樣的世界正逐漸在我們面前展開。它影響層面的深廣或可比擬十六世紀的文藝復興及十八世紀的工業革命。由於全球化現象是由低階政治（經濟）向高階政治（安全）轉移，因此經濟可說是全球化的因變數，而安全與戰略領域則是全球化的應變數。

「全球化」概念

給全球化下定義是一件很困難的事。對於全球化，我們所認知到的現象是：這是一個不斷增加彼此聯繫的世界。這種趨勢在最近這廿年日趨明顯，逐漸打破彼此界限，使共通性增加而差別性減少。但這些現象的意義是甚麼？就如同「瞎子摸象」，各人接觸區域不同就產生不同觀點，但合併所有的觀點也未必能拼湊成完整圖像。

對全球化的概念因各學術領域而各自不同。譬如經濟學者普遍認爲全球化就是世界經濟一體化。社會學者強調全球化是一種社會過程。政治學者則注意到世界體系的形成與互賴程度的增加。事實上，全球化確實有不同的面向，至少三個領域是許多理論分析時所認定：[5]

（一）、經濟：爲財貨與勞務的生產、交換、分配和消費所作的社會安排。

（二）、政治：爲權力的集中與應用所作的社會安排。

（三）、文化：爲符號生產交換表達所作的社會安排。

這三個領域在結構上是各自獨立的。並非經濟構成政治與文化，也不是文化決定經濟與政治。但某領域內較有效的某組安排可能滲透並修正其他領域的安排。完整的全球化概念必須包括這三個面向，因爲全球化現象確實在這三個面向中實質發展。

一個對全球化比較完整而周延的定義是：[6]

> 包括各種社會關係與處置措施等空間性組織的轉變（以其擴展範圍、強度、速度與衝擊影響等觀點來評估），而產生跨越洲際或跨越區域的行為，互動與權力運作等交流網絡的一系列過程。

全球化從經濟層面開始是眾所公認的。經濟全球化（economic globalization）產生全球經濟（economie-monde），重要的關鍵是蘇聯瓦解。因爲這表示計畫經濟向市場經濟靠攏；而資本主義的市場經濟是全球化的重要特徵。當然更重要是科技的突破：結合電腦與電信的網路科技突破空間及時間的限制；使即時（real time）的資訊及金融服務可以跨越邊界鉅量交流。這些背景下終於促成全球經濟的產生。

全球經濟的產生與影響逐漸造成全球政治、社會、文化的轉型。因爲從物質面向看，當以往個別社會的經濟單位間出現愈來愈多的相互連結與依賴，社會與社會間在管理、資本、財務、勞力與商品的交換逐漸和各社會內部的各種交換產生關聯。所以廣義而言，全球化可說是一種運動，不只發生在經濟領域，包括政治、社會、文化諸領域均含括在一個全球結構的型態中。

全球化對安全領域的衝擊

全球化現象對安全領域的最大影響，是對國家主權的衝擊。正如著名的社會學者紀登斯（Anthony Giddens）所指出：[7]

全球化運動正在影響全世界各個國家的地位與能力，主權不再是一個全有全無的事物，國家邊界與過去相比，正在不斷的變模糊。

因爲地球居民經歷的共同問題，可能因個別國家的作爲而惡化，人民期待國家政策必須傳達全球共同的問題。這些「地球問題」至少包括：人權、地球環境、發展與發展的不平等、和平與秩序。美國社會學家貝爾（Daniel Bell）有一句名言正說明了國家當前在地球問題上所面臨的尷尬地位：

對解決生活上的大問題而言，國家角色已經變得太小；但對小問題而言，卻又變得太大。

的確，像臭氧層破洞、溫室效應、酸雨、毒品氾濫、恐怖行動擴散……等問題，都不是一個國家的能力所能解決，必須全體共同合作。但是個別國家是否願意犧牲本國權益只爲了解決全球問題？這就是所謂的公共的悲劇（Tragedy of Commons）。美國爲維護自己的經濟發展，拒絕執行限制能源消耗，以避免溫室效應發生的「京都議定書」。就是最明顯的例子。

全球化政體（globalizes polity）與全球治理（global governance）的概念已經有人討論。雖然目前僅止於構想，但國家的角色與功能確被懷疑。這種現象繼續發展的結果，有可能使傳統的「國際體系」面臨解構。

【公共的悲劇】

「公共的悲劇」的概念是生態學家哈定（Garrett Hardin）所提出。這是指某些決策，可能對部分人有利，但對整體有害。譬如建設公司開發山林，建立遊樂園，也許自己本身能夠獲利，也增加當地工作機會；但是卻破壞水土保持，使河川下游都市或澇或旱的機會大增。「公共的悲劇」例子比比皆是，超抽地下水、開發雨林、炸魚毒魚……。公共的悲劇必須有公權力的介入才能遏止。國家或許可行，但對沒有「合法暴力的壟斷者」的是國際而言，如果霸權國家堅持維護自己國家利益，而不在意其他國家利益，應如何處理呢？

全球化理論的三種流派

David Held・Anthony McGrew・David Goldbatt・Jonathan Perraton 在《全球化大轉變：對政治、經濟及文化的衝擊》一書中將有關全球化的討論區分三個流派。對理解全球化概念而言，這個區分相當有幫助：

（一）超全球主義論：

這是新自由主義的變體。超全球主義論者認爲，全球化是人類歷史上的新時代；經濟全球化已逐漸建構全新的社會組織型態，而這些組織型態正取代或終將取代傳統的民族國家。

（二）懷疑論：

懷疑論者認爲全球化只是一種迷思。他們批評超全球主義論低估了各國政府在規範經濟活動上的權力；不認爲各國政府會因密集的跨國經濟活動而逐漸停止運作。全球化並未改變南、北半球的貧富不均狀態，反而使許多第三世界國家的地位日益邊緣化。進一步言，他們認爲全球化是西方國家的訴求，目的是維持西方國家在世界事務的領導地位。

（三）轉型主義論：

轉型主義論者相信，全球化是引發社會、政治、經濟變遷的動力，而此一變遷正逐漸重新塑造現代社會與世界秩序。他們認爲全球化的未來尚無定論，只知是一長期的過程。他們同意全球化正重新建構或再造各國政府的權力及功能，但不認爲主權國家將會消失的論斷。[8]

反全球化與本土化

「反全球化」是對全球化運動的回應。有趣的是，反全球化本身也是一種全球化現象。反全球化基本上具有理想主義色彩，他們認爲目前的全球化只不過是公司全球化（corporate globalization），跨國公司主導的全球化只會使國家與國家間、地區與地區間、人與人間更不平等。發達國家把傳統傳業轉移到第三世界，第三世界工業化的過程將使全球工業化，如此就是人類環境的末日。他們更認爲，全球化只不過發達國家要求發展中國家開放市場的說辭，是發達國家的僞善，發達國家向發展中國家開放市場總是較爲保守。[9]

另一種對全球化運動的回應是本土化。本土化是從政治及文化面向的討論；是在全球化衝擊時，世界各地區的社會內部，一種尋求傳統、認同、家、本土性、認同性的意識型態。[10]因此，本土化其實也是一種全球化現象。

反全球化與本土化雖然在對抗全球化趨勢上的立場一致，但基本理念並不相同。反全球化是左派（自由派）的主張，本土化則是右派（保守派）的主張。

軍事全球化

在全球化諸多面向中，軍事全球化（military globalization）是影響各國軍事及戰略的最重要變數。

所謂軍事全球化是指：[11]

> **世界體系中，政治單位間軍事關係程度與擴張性逐漸增加的一種過程。**

在理解軍事全球化時，必須先理解「世界軍事秩序結構」。此一概念類似國際體系，世界軍事秩序結構也呈現高度層級化及制度化發展。層級結構概略分爲：第一等級（超級強權）、第二等級（中級國家）、第三等級（發展中的軍事國家)。制度化是指:軍事上的外交協定或多邊協定逐漸出現規則化的互動型態。而世界軍事秩序同時也由相對自主的武器動態平衡體系所形塑。[12]

（一）全球性的戰爭系統

這是指強權對立與衝突;主要考慮是地緣政治。在冷戰結束與軍事技術變遷的背景下，國家防禦領土疆界免於武力侵犯的能力正逐漸衰弱。多數國家都承認，國家安全無法完全依賴單邊行動達成目的。國家安全所面臨的威脅分散，不再僅止於簡單的軍事特徵。爲了處理逐漸擴張的安全威脅陰影，全球協調與合作機制已經成爲一種永久性需求。

（二）全球性的武器動態

武器動態平衡體系在軍事全球化中是很重要的概念。所謂「武器動態」意指國家與全球軍事能力質與量的變動過程。驅動此一過程的最重要影響力除了地緣政治因素與國內因素外，還包括軍事技術的革新。軍事技術的革新是武器動態的核心，通常能產生重大的全球性後果。軍事技術先進的國家往往企圖維持他們在區域與全球階級的相對位置。這些國家所設立的軍事標準，也取得全球性地位。國際武器的交易已經受到規範，進入商業化;生產也有跨國化的現象。

（三）區域安全管理與軍事事務的擴張

探討軍事權力的管理，也就是國際安全制度，目前已顯現集體安全規範機制愈來愈普及化、合法化且制度化。

軍事全球化的結果對各國及全球都造成重大影響。傳統有關軍事權力的空間組織與民族國家的領土空間一致的假設已逐漸產生變化。簡言之，強權國家並非僅在自己領土內使用武力。這些現象所造成的影響可以從四個面向探討：[13]

（一）決策面：國防政策與軍事力量

全球化刺激多層級與多邊管理的制度化。美國雖然有最強大的軍事力量，但同樣必須妥協於其參予的軍事協議與配置網絡。軍事能力與軍事自主性並不必然成正相關。多邊協商甚或聯盟共同決策的時代來臨。

（二）制度面：國家安全或共同安全

雖然國家安全信條仍是現代國家地位的基本定義之一；但對大多數先進資本主義國家而言，達成國家安全與共同安全的手段幾乎無法分別；其國家安全政策總是有效地透過這種更廣泛的「安全共同體」而形塑。

（三）分配面：國防採購與生產

國防工業基礎出現跨國化現象。許多關鍵性的國防技術均出自光學與電子等特定民間企業領域，而這些企業正捲入全球化漩渦。因此國防工業與軍事的自主性是透過國際化策略而不是國有化策略達成。這意味著有關軍事自主性的傳統概念，顯然已脫離單純從國家觀點定義與追求的窠臼。

（四）結構面：從國家安全到「後軍事」社會

兩極對峙有對各國紀律規範的機制，這種機制在冷戰結束後消失。先進資本主義國家內環保、教育、福利、建康等「生活政治」逐漸取代「安全政治」成爲主流；各國於是進入後軍事社會。而當前全球安全政治發展的方式，使攸關國家安全事務的政治活動已不再是單純的國內事務。但這並不表示主權國家型態逐漸結束，國家依然是世界軍事的核心，確切的說法是：軍事全球化已結合全球化其他面向逐漸促成國家主權、自主性與民主政治的重新建構。

討論全球化概念，是要以前瞻性的眼光探討「全球安全」。因爲這個世界可能因爲網際網路與全球經濟的發達，而變得和以往不一樣；新的全球結構是傳統的國際關係或安全理論都無法解釋的。

可能影響我國家安全的全球因素

前兩節分從國際體系及全球化的概念，探討當前的全球安全環境。本節則探討，在對全球安全環境的認知下，甚麼因素可能影響我國家安全。至於中共的軍事威脅則於下一章探討。

全球安全威脅

91 年版的《國防報告書》對可能影響安全因素的描述是：

因種族、宗教信仰、領土爭執、資源爭奪等所衍生的區域性衝突，仍為全球潛在安全挑戰。二００一年九月十一日，美國本土遭受恐怖份子攻擊，震驚全世界，對國際安全產生巨大衝擊，並影響到各國戰略布局態勢；恐怖主義的威脅，已成為國際安全的隱憂。其他諸如危險軍事科技的擴散、跨國犯罪、毒品交易、難民等，亦均可能對安全構成挑戰，危害到人類的生活與福祉。

這段論述所提到的全球安全威脅，包括：

（一）因種族、宗教信仰、領土爭執、資源爭奪等所衍生的區域性衝突
（二）恐怖主義的威脅
（三）軍事科技的擴散
（四）跨國犯罪
（五）毒品交易
（六）難民

區域衝突是指類似「波斯灣戰爭」或「科索沃戰爭」的武裝衝突。

戰爭就武裝衝突的強度，可分爲高強度、中強度、低強度三類。高強度衝突是指包括核子戰爭在內的總體戰爭；國家動員全部資源投入，一旦戰敗將影響國家生存。世界大戰就屬於此類。中強度衝突是指國家動員全部軍事資源投入的戰爭，一旦戰敗可能影響國家發展。低強度衝突則是指動用部分軍事資源的武裝衝突，未必是戰爭；包括：維護和平行動、反恐怖行動、反毒行動、支援革命或反革命行動等。無

所謂戰敗可言，至多因為軍事行動未達成任務而影響國家利益。

區域衝突通常是中強度，或者及介於中、低強度之間的武裝衝突。介入國家會動用部分軍事資源以爭取勝利，但會設法避免影響國內政治、經濟及社會的正常活動，以免干擾人民生活。

當前國際安全情勢與冷戰時期大不相同。冷戰時期兩極對峙，非己則彼，全球都被納入勢力範圍。一個地區的偶發衝突可能引發世界大戰，進而引爆核子戰爭，毀滅人類賴以生存的地球環境。這使兩大集團領導者 － 美國及蘇聯 － 對戰爭行為都相當自制，以免戰爭範圍及規模擴大。譬如韓戰時，美國嚴格限制軍事行動不得越過鴨綠江，寧可將質疑此一決策的美軍指揮官 － 也是第二次世界大戰時的英雄 － 麥克阿瑟將軍免職。而越戰也因美國的自我克制，被批評為「不求勝利的戰爭」。

這種可能發展成高強度的區域衝突，在當前環境下不至於發生。但「因種族、宗教信仰、領土爭執、資源爭奪等所衍生的區域性衝突」顯然還免不了。這種衝突雖不至於將我國拖入戰爭漩渦中；但因全球化現象，難免影響全球經濟，進而影響我國的經濟發展。除非衝突國是全球化的邊緣國家。這種國家的特色就是貧窮、封閉，不受世界其他事務影響，也不影響世界任何事務。塔利班（Taliban）政權統治下的阿富汗就是此類國家。因此「911 事件」後，美、英等國雖對阿富汗發動攻擊，但全球經濟並不因此受影響。

全球化是否能免於戰爭？

地球村中，全球化程度愈深的國家與全球經濟關係愈密切；既影響全球經濟，也受全球經濟影響。美國是全球化最深的國家，因此「911」的恐怖攻擊立刻影響全球經濟，也影響各國企業。許多航空公司就因客源大幅減少而產生虧損。台灣與大陸都是全球化很深的國家。所以台灣發生「921 大地震」使電子零件出貨減少，大陸沿海的電腦居然漲價。這說明當前時代，全球化程度愈深的國家愈不容易發生武裝衝突；不僅是因爲戰爭所得遠低於戰爭損失，同時受影響的全球經濟也將使各大國不能不干預，以維持全球經濟的正常運作。

【金色拱門理論】

「金色拱門理論」（Golden arches theory）是紐約時報記者佛利德曼（Thomas L. Friedman）所提出的。雖然只是遊戲文章，但有特別創意，值得參考。

「金色拱門」是麥當勞漢堡店的商標，目前已成全球企業，是全球化的象徵。依照佛利德曼的說法是：從來沒有兩個擁有「金色拱門」商標的國家發生過戰爭。這個假說正是全球化時代走向和平的可能寫照，他想傳達的訊息就是，自由市場全球化將有助於消弭戰爭。就此一觀點看，台灣只要全球化的程度愈深，愈融入全球經濟體系，就愈可能獲得安全。

大陸也有麥當勞漢堡店。

至於恐怖主義的威脅、軍事科技的擴散、跨國犯罪、毒品交易、難民等，對大國的安全威脅較高。以我國的國際地位，直接受這些事件影響的機會甚低；但身爲地球村一員，連鎖影響顯然免不了的。

建議記憶或理解的問題：

一、兩極體系爲何能維持世界長期的和平？肯尼斯·華爾茲的論點爲何？
二、喬治·肯南圍堵理論的要旨爲何？
三、麥欽德「心臟地帶」理論的結論爲何？
四、全球化如何衝擊安全領域，社會學者紀登斯的看法爲何？
五、反全球化與本土化異同之處爲何？

建議思考的問題：

在當今世界，全球化程度是否爲國家安全的保單仍有爭議；但有助於和平則爲共識。果如是，我國將安全戰略重點置於軍事發展，是否不如置於經濟發展有利？你認爲，如果台灣與大陸經濟關係愈來愈密不可分，中共對台動武的可能性是否會減少，甚至消失？

【註解】

[1] 中華民國國防部《民國九十一年國防報告書》，第二篇「國際安全環境與軍事情勢」，電子化文獻：http://www.mnd.gov.tw。

[2] 王逸舟，《國際政治學－歷史與理論》，台北：五南出版公司，1999，頁 263-264。

[3] 有關卡普蘭的國際系統學說，請參閱王逸舟，前引書，96-106。

[4] 王逸舟，前引書，頁 244-258。

[5] Malcolm Waters，《全球化》，徐偉傑譯，台北：弘智文化，2000，頁 11-12。

[6] David Held · Anthony McGrew · David Goldbatt · Jonathan Perraton，《全球化大轉變：對政治經濟及文化的衝擊》，沈宗瑞 · 高少凡 · 許相濤 · 陳淑鈴譯，台北：韋伯文化，2001，頁 21。

[7] Anthony Giddens，《第三條路－社會民主的更新》，鄭武國譯，台北：聯經出版社，1999，頁 37。

[8] 請參閱 David Held · Anthony McGrew · David Goldbatt · Jonathan Perraton，前引書，頁 4-13。

[9] 王崑義，《全球化與台灣》，台北：創世文化，2001，頁 32-33。轉引自龐中英，「另一種全球化—對反全球化的調查與思考」，世界經濟與政治，總 246 期，北京：中國社科院世界政治與經濟所，2001 年 2 月，頁 7。

[10] 王崑義，前引書，頁 31。轉引自 Roland Robertson，《全球化－社會理論和全球化》，梁光嚴譯，上海：上海人民出版社，2000，頁 238。

[11] David Held · Anthony McGrew · David Goldbatt · Jonathan Perraton，前引書，頁 109。

[12] 請參閱 David Held · Anthony McGrew · David Goldbatt ·

Jonathan Perraton，前引書，頁 121-127。

[13] 請參閱 David Held · Anthony McGrew · David Goldbatt · Jonathan Perraton，前引書，頁 175-181。

第四章

亞太安全

對安全環境的探討（二）

本章從區域安全角度探討亞太地區的安全環境。不採用「亞洲」而採用「亞太」概念，是因為某些非亞洲的太平洋國家，如美國、澳洲等對我國安全環境的影響遠大於印度、巴基斯坦、烏茲別克、吉爾吉斯……等亞洲國家。採用「亞太」作為區域安全的分析對象較符合我國實際。

本章先從兩個面向探討亞太地區之安全結構，一個是延續冷戰時期的權力平衡體系；另一個奠基於共同性及合作性安全的亞太安全保障新體系。

其次從已論證之亞太權力結構所呈現之中（共）、美對峙格局，分析雙方之亞太安全戰略、台灣的戰略地位，並進一步分析對台灣國家安全所造成的影響。台灣目前在雙方對峙下，在經濟安全上傾向大陸，在政治安全上傾向美國。這種情勢是否延續？對我國未來安全的影響為何？都有待我們進一步思考。

亞太安全結構

冷戰結束衝擊整個國際體系，亞太地區亦不例外。所謂亞太地區，指的是亞洲的環太平洋地區，概念上包括俄羅斯、美國、澳洲、紐西蘭等非亞洲國家，但不包括亞洲的中亞、南亞及阿拉伯世界。以亞太地區為分析對象而排除「亞洲」概念；是因為在政治與經濟發展上，此一地區與我國關係較為密切。譬如美國雖然非亞洲國家，但隔個太平洋與我國互動卻相當頻繁。比起與塔吉克、吉爾及斯……等中亞國家或印度、巴基斯坦等南亞國家不可同日而語；更無論遙遠的阿拉伯世界。亞洲與其他大洲不同，區域差別極大。以亞太地區為範圍論述較具意義。

我國是亞太地區的重要成員，此地區安全情勢必將牽動我國家安全。而我國的不安全也會帶動亞太地區的不安全。此一地區的安全環境，對我國家安全是很關鍵的。

安全機制與亞太地區的整合

冷戰結束之際，美國與俄羅斯的勢力逐漸從此一地區撤出。東南亞國家經濟也開始起飛，不太歡迎美國勢力繼續進駐。美國從菲律賓的蘇比克灣基地撤出就說明這個趨勢。美俄勢力的撤出也顯示此一地區的權力真空狀態，各國憂慮中共或日本藉機彌補此一權力真空，於是普遍採取的做法是：[1]

（一）更新或擴展軍備。

（二）鼓吹集體安全概念及建立信心建立措施。

但1997年從泰國開始的亞洲金融危機，迅速的擴及亞洲各國，包括印尼、馬來西亞、菲律賓、香港、南韓都受到相當大的衝擊。各國在財政不佳下，只得縮減國防預算，相當多武器訂單因此取消。軍事努力失敗，只得鼓吹包括集體安全及建立信心建立措施在內的安全機制，追求共同性及合作性安全。同時，為應付世界其他地區的整合趨勢，亞洲也開始尋求整合。

亞洲地區的整合其實並不容易，因為亞洲與其他各洲不同，種族、語言、文化與生活習慣的差異極大。東亞各國受中國文化影響差異不大，但與中亞的回教文明幾乎是兩個世界。東南亞則同時受儒教及回教洗禮，自成體系。再加上歷史與宗教背景，各地區鄰國間潛藏著相當複雜的衝突因子。譬如日本第二次世界大戰時的侵略背景，使東（南）亞各國對日本極不信任；印度、巴基斯坦的宗教背景使兩國關係異常緊繃；以色列與巴勒斯坦的宗教與歷史因素導致不斷上演的相互攻擊等。亞洲的整合極為困難。要建構類似歐洲「北大西洋公約組織」的「亞洲安全體系」，也因此缺乏成功的基礎。

雖然如此，區域整合是全球化過程的趨勢，亞洲自不例外，仍有許多政治家期望促成亞洲整合。其中亞太地區因背景類似及經濟發展的需要，被視為較有機會成功的區域。如果整合成功，有機會帶給亞太地區真正的和平；至少在努力的過程中，將帶來相當程度的安全保障。

中共崛起對亞太安全結構的衝擊

依據現實主義的「威脅平衡理論」，在一個權力平衡體系中，新權力的出現是不受歡迎的，因為這必然挑戰原有的權力平衡結構。因此任何企圖崛起的國家就會被視為「非現狀國家」，將帶給其他「現狀國家」的疑慮。中共自改革開放以來，廿多年經濟的高度發展，使綜合國力快速提昇。中共的崛起已成事實。而中共依然是「堅持共產黨領導」的國家，曾經在 1989 年的「天安門事件」中，以武力血腥鎮壓抗議學生。無論如何強調「和平共處五原則」，如何「韜光養晦」、「不搞對抗」，仍難化解週邊國家對此一政權的疑慮。

1992 年，登在美國傳統基金會刊物《政策研究》一篇題為「正在覺醒的巨龍 － 亞洲真正的危險來自中國」的文章，「中國威脅論」逐漸成形。隨後「夾在巨龍與憤怒之間」、「恐怖的中國龍」、「龍的抬頭」之類的文章先後登在華盛頓郵報、時代周刊及英國的經濟學人雜誌上；正反映出西方對中共崛起的疑慮。

美國國防部對這種疑慮表現的相當明確。1990 及 1992 年美國國防部公佈的兩份「亞太地區戰略架構」（A Strategic Framework for the Asia-Pacific Rim: East Asia Strategic Initiatives）文件中指出：美國將階段性的減少或撤離美國在亞太地區的駐軍。但是到了 1995 年，美國國防部公佈新的「東亞戰略報告」（East Asia Strategic Report），卻修正了前述階段性撤軍的政策；強調美國仍然持續承諾對於亞太地區的安全保障，並且將以明確的軍事存在和前進部署展現美國的安全承諾。

亞太地區的權力平衡體系

美國主導的權力平衡體系目前仍是亞太地區安全機制的主要設計。這個建構於冷戰時期的權力平衡體系雖然一度因冷戰的結束而式微，但又因中共的崛起而受重視；某些舊機制經過再翻修，以新的面貌出現。

一、冷戰時期的權力平衡體系：

冷戰時期所建構的亞太地區權力平衡體系主要由下設計所架構：

- 美國與南韓的「安保條約」及「軍隊地位協定」。
- 美國與日本的安保條約。
- 英國、澳洲、紐西蘭、馬來西亞、新加坡的「五國防衛安排」。
- 美國與台灣 1979 年的「台灣關係法」。
- 美國與菲律賓的「共同防禦條約」。
- 美國與澳洲、紐西蘭的「美澳紐公約」(ANZUS)。
- 美國與泰國 1951 年的「共同安全法」、1988 年的「戰爭物資預儲協議」。

冷戰結束後美國勢力雖一度從亞太地區淡出，但在中共崛起的疑慮下，亞太國家逐漸改變態度，轉而支持美國在此地區部署，認爲是確保區域和平的力量；至少能平衡中共權力的擴張。

二、後冷戰時期的權力平衡體系：

爲因應亞太地區安全的新情勢，權力平衡體系除舊有設計外仍繼續建構。包括：[2]

- 美國與新加坡 1990 年的「使用權利備忘錄」。
- 美國與汶萊 1994 年的「國防合作備忘錄」。
- 澳洲與印尼 1995 年的「雙邊安全協議」。
- 美國與菲律賓 1996 年的「國防合作備忘錄」。
- 澳洲與新加坡 1996 年的「新夥伴防衛協定」。
- 美國與澳洲 1996 年的「加強防衛合作宣言」。
- 美日安保體系的新設計。主要爲：1996 年「廿一世紀美日安保聯合宣言」及 1997 年「美日防衛合作新指南」。
- 中共與俄羅斯、哈薩克、吉爾吉斯、塔吉克 1996 年的「關於在邊境地區加強軍事領域信任的協定」。
- 中共與俄羅斯、哈薩克、吉爾吉斯、塔吉克、烏茲別克 2001 年成立的「上海合作組織」。

這些權力平衡體系很明顯由美國主導，以中共的軍事威脅爲考量。而中共也架構新的權力基礎與之對抗。美國戰略部署的主軸在日本及澳洲。1994 至 1997 年任美國國防部長的威廉．裴利（William J. Perry）就曾指出：**日本是美國亞**

太地區北方的戰略之錨，澳洲是南方之錨。中共則爭取中亞國家的合作與支持，以解除西、北方的後顧之憂，俾便全力東向。

一般而言，亞太國家雖支持美國在亞太地區加強軍事部署，但要形成類似「北約」的緊密軍事同盟顯然還有段距離。亞太國家與美國的軍事合作，僅限於提供基地設施及後勤支援，並沒有聯合作戰的構想。這是因爲美軍之強大不需要其他國家兵力的支持。更重要的是，以美軍先進程度，除了英軍還能勉強配合實施聯合作戰外，沒有任何國家軍隊的加入能增加美軍戰力，只會形成累贅而已。

美日安保體系

美日安保體系是美國在亞太權力平衡體系中最重要的設計。雖是兩個國家的軍事結盟，但實力卻僅次於「北約」。在亞太安全中將扮演重要角色，有必要予以討論。

1951 年，美、日兩國簽署安保條約。美國希望透過此一條約建構東亞圍堵體系，以避免共產勢力繼續在亞洲擴大，並確保美國在此區域的主導勢力。日本則一方面可以獲得美國軍事保障，專注國內經濟重建。二方面可以加入戰後美國主導的西方民主陣營，取得國際政治地位。

1960 年，雙方修正條約條文。重點在第六條，也就是著名的「遠東條款」：

為保障日本安全，以及遠東地區的國際和平與安全，美

國得使用其在日本境內的陸、海、空軍設施與基地，加入遠東地區。

這顯示美國企圖以此一雙邊的軍事條約，作爲涵蓋整個東亞與遠東區域自衛體系的基礎。至於「遠東地區」的定義爲何？在提供軍事戰略運用彈性的理由下，未予以明確定義。

1978 年，由於日本政府擔心受越戰影響，美國可能會捨棄安保體系，而美國也希望日本能夠在區域安全事務上扮演更重要且積極角色，雙方於是訂定「安保防衛指南」。

在這項指南中，美國承諾在區域內「維持核子嚇阻實力，並且會前進部署戰鬥部隊」；並明確指出，日本自衛隊「主要從事日本領土及其附近水域和空域的自衛性活動」，美軍則負責自衛隊能力以外的輔助功能區域（supplement functional areas）防衛。這項指南確認日本自衛隊的地位與功能，也表示日本在區域安全上將扮演較過去更爲積極的角色。1978 年的安保指南，不僅確認了美、日兩國進一步的防衛性合作安排，也提供了美國在東亞地區的軍事基地和軍事存在的基礎。

冷戰結束後，美日安保體系面臨新環境的挑戰，有必要重新界定。於是於 1996 年 4 月，美國總統柯林頓訪問日本時，雙方公佈「廿一世紀美日安保聯合宣言」（U.S.-Japan Joint Declaration on Security: Alliance for the 21st Century）。另在 1997 年底，新修正「美日安保防衛新指南」（The U.S.-Japan Guidelines for Defense Cooperation of 1997）。

「美日安保防衛新指南」區分三個主要部份：

（一） 美、日平常時候的合作。

（二） 日本遭受軍事攻擊而「有事」時的合作。

（三） 「日本周邊」(areas surrounding Japan) 事態的因應。

其中最令亞太國家關注的就是「日本周邊」的概念，因爲這表示美、日軍事干預的範圍。「日本周邊」到底包括哪些地區？

事實上，1960 年版安保條約第六條的「遠東條款」，對「遠東」的定義當時也引起強烈爭論。日本政府爲此於 1960 年 2 月發表有關「遠東的範圍」的「政府統一見解」。而這項官方見解一直是日本政府對於相關問題的統一看法。1997 年版的新安保指南對日本周邊區域的解釋，也沿用同樣看法。

依據該統一見解，遠東「並不是地理學上固定的概念」，而是指出「美、日兩國基於條約，共同關心遠東的國際和平與安全的維持」，但是統一見解接著指出：

> 一般而言，該區域包括菲律賓以北和日本及其周邊地區，韓國及中華民國所轄區域也包含在內。

並且在之後註解「中華民國所轄區域就是台灣區域」。

1997 年新安保指南中對「日本周邊」的定義延續同樣觀點：日本和美國政府均強調是一個「事態」而非「地理」概念，亦即「對日本和平與安全具有重要影響的事態」，且指出這項解釋不是刻意迴避的作法，而是一種戰略和軍事的現實常識。採用這種做法的理由，在於安全的維護，是建構一套機制以處理可能發生的危機；而這一套機制本身就是一種嚇阻。如果明確列出事態種類和周邊範圍，則一方面將引起周邊國家的緊張，另一方面，將喪失維持戰略安全機制的效益。

美日安保體系是一個不平衡的準軍事同盟，主導權在美國，日本僅扮演配角。所受的限制是：(一)是地理範圍，(二)是事態定義，(三)是自衛隊僅能被動地支援美軍。換言之，日本對於遠東或周邊有事的介入及如何介入，全視美國的需要而定。

美日安保是否及於台灣的問題，雖然在對「遠東」及「周邊事態」的定義中並沒有明確答案。但美日安保的重點，是經由美、日兩個「現狀國家」的相互結合，展現維護現有亞太秩序的決心和軍事能力；同時也警告未來可能的「非現狀國家」：任何影響現狀秩序的行為，將引來美日兩國的共同對抗。對象是誰其實相當明顯。

其實就美日安保體系所掌握的軍事力量而言，如果真如1997年版「新指南」所指，主要對象為北韓的飛彈與核武威脅，則不啻殺雞用牛刀。而中共也明確認知美日安保對其的圍堵功能。1998年中共發表《中國的國防》白皮書，就提出與美日安保針鋒相對的「新安全觀」。認為：「**安全不能依靠軍備，也不能依靠軍事同盟。安全應當依靠相互之間的信任和共同利益的聯繫。通過對話增加信任，通過合作謀求安全。**」斥美、日透過安保體系的軍事結盟為「冷戰思維」。

冷戰結束後，俄羅斯的亞洲影響力逐漸消退。就綜合國力而言，影響亞太區域安全最重要角色應為美國、日本與中共。但美國透過「安保條約」取得在亞洲軍事存在的基礎而增加其權力。日本則因僅扮演被動角色，在亞太權力競逐中的發言權降低。對亞太安全的結構而言，反被東協國家活躍發揮的影響力所掩蓋。

亞太安全保障的新體系

在共同性安全與合作性安全的概念下，亞太地區國家並不僅追求權力平衡的安全保障而已。因為這種奠基於傳統現實主義學派權力平衡理論的概念，是否符合全球化時代的需求大有爭議。一味將中共視為「安全威脅」予以圍堵，有可能成為「自我實現的預言」，對亞太地區的安全保障其實並無助益。

在此一概念下，亞太地區的政治家企圖建構以合作與對話為主軸的新安全保障體系。事實上這並不容易；因為歷史背景與各國利益的不一致限制了此一體系的發展。譬如澳洲在 1990 年間倡議召開「亞洲安全及合作會議」就並未成功。但隨著亞洲安全情勢的變化，亞太各國逐漸認知亞洲安保新體系的重要，新安保體系正逐漸架構中。

第一軌道

所謂第一軌道（track one），指的是具有官方性質的溝通。相對而言就是第二軌道（track two），指的是非官方性質，由學術界、民間團體或政府官員以私人身分參加的活動。之所以會有第二軌道的安排，就是因爲在官方溝通的場合通常有立場的考慮，反而不能真正解決問題。在各國的合作與安全問題的解決上，兩個軌道同樣重要。這種現象尤其在亞洲特別明顯。

亞太地區的目前重要的合作與安全機制第一軌道，包括以下設計：

一、東協區域論壇

「東協區域論壇」是最早由「東協戰略暨國際研究中心」（ASEAN-ISIS）於 1990 年非正式提出。再於 1991 年 6 月向各該國政府提出，將「東協擴大外長會議」擴大邀請具有貴賓或觀察員身分的國家共同與會討論區域安全問題。1993 年 5 月，東協擴大外長會議的資深官員會議獲致結論，提議邀請中共、俄羅斯（以諮商夥伴名義）、越南、寮國、巴布亞新幾內亞（以觀察員名義）參加曼谷舉行的東協區域論壇，此爲論壇正式定名之始。

其特色是：[3]

（一）發展方向：採漸進過程，以讓所有成員感受舒服的速度，區分爲三個階段。第一階段是促進信心的建立。第二階段是預防外交的發展。第三階段是推敲解決衝突的途徑。目前爲第一階段至第二階段之間。

（二）組織：「東協區域論壇」配合「東協外長會議」與「東協擴大外長會議」每年舉行一次。

（三）意見與建議之執行：設立各政府間小組或會議。

1、會期間的輔助小組，如「信心建立措施輔助小組」，處理安全概念及國防政策文獻的對話。

2、會期間會議，如「和平維持行動會議」及「搜難救援協調及合作會議研討會」等。

東協區域論壇所關切的議題與範圍相當廣泛，而且不侷限於東南亞。譬如在第三屆東協區域論壇討論的區域安全議題集中在下列各項：

（一）1995 年 12 月東南亞國家在曼谷簽訂「東南亞非核區」，象徵強化區域安全與維持世界和平穩定的一項貢獻。

（二）呼籲參加裁軍會議的所有國家，特別是擁有核武國家，在聯合國第 51 屆大會開始前，完成「全面禁止核試驗條約」。

（三）歡迎凍結或禁止人員殺傷性地雷的發展、外銷與使用。並強化國際合作，以清查、掃除地雷及協助受害者。

（四）歡迎相關國家依國際法尋求和平解決南海問題。

（五）基於朝鮮半島和平及安全的重要性，論壇強調建立和平機制。

東協區域論壇是個很有特色的組織。企圖建立一個安全的對話機制，但又不具任何的強迫性。以「共識決」，而不是「多數決」的方式議事。這表示所有議題都必須獲得每個成員的同意，而不是多數決定即可。由其強調「所有成員感受舒服的速度」發展可見一斑。因此刻意避開敏感議題；包括讓中共「不舒服」的台海議題。台灣也因此未能列入會員。

這雖限制了東協區域論壇的功能，使其無法替代權力平衡體系，但也使其能在複雜的亞太地區繼續存在。由於對話與合作為當前發展趨勢，東協區域論壇極可能成為亞太安全保障的基石之一。

東協區域論壇目前共有 23 成員國家。除汶萊、柬埔寨、印尼、寮國、馬來西亞、緬甸、菲律賓、新加坡、泰國和越南等東協十國外，還有澳洲、加拿大、中共、印度、日本、南韓、北韓、蒙古、俄羅斯、紐西蘭、美國和歐盟。

【東南亞國家協會】

「東南亞國家協會」(Association of South-East Asian Nations，ASEAN)是亞太地區最重要的國際組織。1967 年由菲律賓、馬來西亞、泰國、印尼與新加坡外交部長在曼谷宣佈成立。目的在提昇會員國經濟、社會、文化、教育與學術的合作。到目前為止，加上汶萊、柬埔寨、寮國、緬甸、越南已有十個會員國；只缺一個 2002 年剛脫離印尼獨立的東帝汶尚未加入。

東協各國除泰國外都有被西方列強長期殖民的經驗，加上日本在第二次世界大戰的侵略，對外來權力並不信任；因而相當排斥美、日等政經強權掌控東南亞的企圖。對中共近年來綜合國力大幅提昇的威脅亦感不安。但中共相當重視此一組織，不斷拉攏。2001 年提出成立「東協＋1」的自由貿易區構想。如果成功，台灣經濟地位有被邊緣化的可能，必須警覺。東協國家民族性較為和緩，「東協方式」(ASEAN way)的議事風格，強調事緩則圓、不必太正式、也不必急著解決問題，在國際組織中獨具一格。

二、亞洲合作對話組織

這是 2002 年 6 月 19 日在泰國成立的新對話機制。由泰國總理塔信發起，目的是集中資源和技術解決亞洲的貧窮和衝突兩大問題。成立大會上共有十七國外長或代表參加，分別是：巴林、卡達、日本、南韓、汶萊、孟加拉、柬埔寨、中共、印度、印尼、寮國、馬來西亞、巴基斯坦、菲律賓、新加坡、泰國和越南。這是個新的對話組織，是否能發揮解決衝突的功能仍待觀察。

第二軌道

由於中共對我外交上的封殺，以官方身分參加的第一軌道沒有機會。因此現階段對我國而言，非官方的第二軌道可能較為重要。以下為亞太地區重要之安全與合作的第二軌道設計。

一、亞太經濟合作會議（Asia-Pacific Economic and Cooperation，APEC）

「亞太經濟合作會議」雖然是個強調經濟合作的組織，但在全球化時代，經濟問題與政治問題的解決方案大多數重疊；2001 年在上海舉行的 APEC 領袖會議，討論主軸為「反恐佈主義」可見一斑。此一組織歷年來均由各會員國領袖及部長級官員參加領袖會議及部長級年會，是目前亞太地區各國領袖溝通的主要平台，應予重視。

創立於 1989 年，定位為：亞太地區各經濟體高階代表間之非正式諮商論壇。由澳大利亞前總理霍克(Robert Hawke)於 1989 年元月倡議組成，目的在加強亞太地區之區域經濟合作，目前共有澳大利亞、汶萊、加拿大、智利、中共、香港、印尼、日本、韓國、馬來西亞、墨西哥、紐西蘭、巴布亞紐幾內亞、祕魯、菲律賓、俄羅斯、新加坡、泰國、美國、越南及我國等廿一個會員體。惟各會員均係以經濟體（Economies），而非國家身分參與；這是我國能參加該組織的原因。

「亞太經合會」對我國特別重要，因為乃是我國唯一能與各國領袖參予對話之溝通平台。然而中共一再設計阻撓，使歷屆均由各國元首參加的領袖會議，我國僅能由資深部長級官員與會。使我國強大經濟實力與在此組織中的份量未能等同。

二、亞太安全合作理事會

「亞太安全合作理事會」是亞太地區安全保障的另一個重要第二軌道設計。

亞太安全合作理事會與東協區域論壇關係極為密切。設立的背景就是考慮開闢「第二軌道」外交，網羅非政府國際組織及政府官員，以私人身分輔佐東協區域論壇發揮作用。在 1993 年 12 月於印尼的龍目島正式通過理事會憲章。

「亞太安全合作理事會」活動的主要重心在於工作小

組。1993年12月通過設置的4個小組是：「海洋安全合作」、「強化北太平洋安全與合作」、「合作及綜合性安全概念」、「信心暨安全建立措施及透明化」。對問題的研究可透過研討會深入探討，並可支援安排東協區域論壇議程，提供具體可行的建議，扮演智庫角色。

「亞太安全合作理事會」自創會以來，一直爲中共與台灣的會籍所困擾，中共反對台灣加入，但大多數會員國認爲台灣有合法利益來加入此一組織。解決方法，就是中共同意台灣入會，但由學者以個人身分參予。

「亞太安全合作理事會」目前有20個正式會員、一個加盟機構、以及一個「個別身分參與者」。20個正式會員包括10個創始會員：澳洲、加拿大、印尼、日本、南韓、馬來西亞、菲律賓、新加坡、泰國、美國。及後來加入的會員：紐西蘭、北韓、俄羅斯、中共、越南、蒙古、歐盟、印度、柬埔寨及巴布亞紐新幾內亞。一個加盟機構是「聯合國亞太區域和平暨裁軍中心」，唯一的「個別身分參與者」就是台灣。機構設在政大的國關中心內。

「亞太安全合作理事會」雖自詡爲非官方第二軌道的安全對話機制，卻不能脫離強權政治的影響。亞太地區雖然興起一股共同性、合作性安全的思潮，但權力平衡機制並沒有因此式微。「東協區域論壇」與「亞太安全合作理事會」缺乏實際執行力量，只成爲道德輿論的說服場。到目前爲止，美國所領導的權力平衡體系仍是亞太安全的最大支柱。然而共同性、合作性安全是當前的主流思潮，全球化趨勢更使各國基於經濟安全的考量不願輕易動用軍事力量以解決紛爭。東協區域論壇與亞太安全合作理事會等新安保體系是否能在這些有利的客觀條件下持續成長，進而取代權力平衡體系，有待觀察。

【博鰲亞洲論壇】

「博鰲亞洲論壇」是中共企圖主導的一個促進經濟合作的論壇。雖然不討論安全議題，但基於全球化時代政治與經濟議題的重疊性，所以也值得注意。

1998 年，澳洲前總理霍克、菲律賓總統拉莫斯和日本前首相中曾根康弘有感於金融危機後，亞洲國家需要加強區域內的經濟協調合作，以維護及增進區域利益；於是共同建議，在亞洲成立類似瑞士「世界經濟論壇」的組織，讓亞洲人可以從亞洲觀點來討論亞洲經濟議題。他們與多個亞洲國家接洽，中共的反應最積極，不僅大力支持，並提議將論壇的永久秘書處設在海南島瓊海市的博鰲鎮。2001 年 2 月 27 日，成立大會在博鰲召開，正式成立。

此一論壇的特色：

（一）、涵蓋全亞洲範圍的高層次對話場所。

（二）、非官方、非營利的開放性組織；包括政治人士、專家學者、企業家與工商界領導人都可參予。

（三）、在博鰲設立「亞洲研究院」，作爲論壇的附屬機構及智庫。

此一論壇成立目的，長遠來看是企圖從經濟整合而達到政治整合。中共有透過此一論壇擴張其影響力；未來發展如何，值得觀察與注意。

中（共）、美對峙的權力結構

亞太地區的權力結構已逐漸成為中（共）、美對峙的格局。美國試圖在亞太地區建構多個雙邊或多邊協議，以為軍事存在的基礎。並逐漸對中共形成某種型態的圍堵。中共則除了運作「上海合作組織」爭取中亞各國合作，消除西、北方的後顧之憂，以便全力向東方發展外；也相當積極地試圖在東南亞發揮影響力，爭取東協國家的支持。東協國家則一方面歡迎美軍的進駐，以平衡中共的軍事威脅；二方面也希望透過合作性安全與共同性安全，建構亞太地區的新安保體系，平衡美國與中共的影響力。至於日本、澳洲與南韓等國，雖擁有相當經濟與軍事實力，但因與美國結盟，在權力競逐上缺乏自主性。

要進一理解中（共）、美對峙格局對亞太地區安全的影響，我們先從美國的戰略談起。

美國的亞太安全戰略－地緣政治的觀點

要理解美國的亞太安全戰略，同樣要從地緣政治的角度來看比較容易理解。這種現實主義觀點是美國第二次世界大戰後戰略學界的主流，到今天仍有極大影響力。

地緣政治學有兩個主要典範，一個是美國史學家海軍上校馬漢（Alfred Thayer Mahan）提出的海權論；另一個是英國地理學家麥欽德（Halford J. Mackinder）提出的陸權論。

馬漢從歷史中尋找帝國興亡的線索，以爲關鍵因素即爲是否能控制海洋；拿破論的失敗即爲海權的勝利。他在1890年出版《海權對歷史的影響，1660 - 1783》中的結論是：

「英國並未企圖在陸上採取大規模的軍事行動，而僅憑控制海洋及經由歐洲以外的勝利，遂終能確保其國家的勝利。」[4]

馬漢認爲在海陸爭霸中，通常是海權勝利。因爲陸權所依靠的陸上運輸體系，無論從商業或戰略的觀點都不足以與海上運動相競爭。但是如果原有的陸權也發展了強大的海權，對原有的海權即構成重大的威脅[5]。這個觀念也引導出麥欽德的心臟地帶理論。

麥欽德將橫跨歐、亞、非三洲的大陸塊稱爲世界島(World Island)。世界島的中央戰略位置 — 歐亞內圈地區 — 稱爲心臟地帶(Heartland) 。而這一塊寬闊的陸地如果被一個強壯的民族加以有組織的統治，就可以在海權無法進入的情況下控制世界島，進一步利用陸地的龐大資源建立世界上最強大的海軍，征服所有海島國家，建立世界帝國。

麥欽德的陸權觀念有驚人的預見性，影響後世極深。他早在1904年就指出，俄國、德國及中國因為其本身的地理位置，有機會成為建立世界帝國的競爭者。而兩次世界大戰可視爲德國爭奪心臟地帶的行動。第二次世界大戰後蘇聯基本上也已經控制了心臟地帶。英、美等海權國家在長達半世紀的圍堵與嚇阻中好不容易迫使蘇聯瓦解。因此當中共崛起，對篤信地緣政治的戰略學者而言有特殊意義。

我們可以用曾任美國國家安全顧問的布里辛斯基（Zbigniew Brzezinski）的論點爲代表。他在其地緣政治學名著《大棋局：美國的首要地位與其地緣戰略》一書中總結了現階段的美國地緣政治的戰略觀。他先將地緣戰略地義爲：「**對地緣政治利益的戰略管理**」[6]。認爲歐亞大陸可視爲一個大棋盤，夠資格參予此一棋局的棋手國家分別爲：法國、德國、俄羅斯、中國及印度。雖然認爲美國可以成爲這個棋局的贏家，但也理解美國不可避免於不受挑戰。所以不得不思考：「**如何以不威脅到美國在全球首要地位的方式，處理好其他地區大國的崛起問題**」。布氏除提出他的地緣戰略外，認爲當務之急是：

> **確保沒有任何國家或國家的聯合具有把美國趕出歐亞大陸，或大大地削弱美國關鍵性仲裁作用的能力**[7]。

這觀點正說出許多美國現實主義學派學者的論點。以《文明衝突與世界秩序重建》一書聞名的政治學者杭廷頓（Samuel P. Huntington）就曾表示：「他以銳利的眼光和堅實的思維，權威地闡述了美國在冷戰後世界的戰略利益」。[8]

亞太地區有特殊的地緣特徵：海洋與大陸的相對地理關係。以及從第二次世界大戰後，這兩大地理區分別採行了不同的政經體制與發展策略，導致亞太地區自韓戰以來，即呈現海洋與陸地兩大地理區的戰略對峙。基本上，美國的亞太戰略就是亞太地區獨特的地理、歷史與經濟因素所結合成的結構中進行相關的設計與部署。[9]

關鍵其實就是中國地區。因爲位於歐亞大陸，有陸權國家的地理特徵；但因有廣大的海岸線，所以也有海權國家特徵。既可以作爲海權國家的盟友以對抗歐亞陸權，也可以在歐亞陸權的支持下挑戰海權。

早在第二次世界大戰期間，美國就希望扶持中國爲東亞強國以牽制在歐亞大陸不斷擴張的蘇聯共產主義。但因中國被赤化而作罷。1947 年後，美國改變原先策略，認爲如果中國無法成爲美國對抗蘇聯的盟邦，就應以戰時建立之西太平洋島嶼基地，連同日本與東南亞串成「新月形」海洋防禦戰略線，以取代陸地的中國戰略地位。這就是著名的列島戰略（insular strategy）。[10]後來成爲美國全球「圍堵」戰略的一環。

1970 年美國總統尼克森提出低盪（和解）政策，拉攏中共。在 1972 年雙方於「上海公報」中建立共同「反霸」－反蘇聯的戰略合作關係；中共一反既有的陸權結構，成爲美國海權的盟友。

蘇聯崩解後已不再能威脅美國，中共對美國的戰略價值因而消失。中共堅持共產主義以及 1989 年「天安門事件」中血腥鎮壓抗議學生的行動成爲雙方關係破裂的關鍵。同時，中共經濟快速發展，綜合國力大幅提昇，有可能成爲挑戰美國海權的國家。中國威脅論興起；中共於是取代蘇聯，成爲美國在亞太地區利益的首要競爭者。

隨著「中國威脅論」興起，美國國內對中共政策定位的辯論大致可分爲兩派：

（一）「介入」（engagement）派。

（二）「圍堵」派。[11]

「介入派」具有理想主義的色彩，主張積極介入中共政經發展，逐步引導中共「和平演變」，使中共成為民主政體。這一派大多存在於國務院、商務部、財政部等行政部門。在國際關係及戰略學界有「紅隊」的暱稱。

「圍堵」派則延續現實主義觀點，他們認為中共的崛起將挑戰美國權力，中共不可能接受國際體制規範，就算接受國際規範也不符合美國利益。[12]因此必須採取強硬的對抗戰略－圍堵。這一派大都存在於美國國會、國防部官員與戰略學者。學界暱稱為「藍隊」。

美國柯林頓總統任內的中國政策為紅隊主政；因此亞太戰略就是「擴展」與「介入」，積極擴大與中共交往，但藍隊也有一定影響力，因此同時建構圍堵防線。布希總統任內藍隊主政，亞太戰略就以圍堵為主，但同樣也接受一部份紅隊主張；與中共交往仍持續不斷。同時，因太平洋兩岸不斷擴大的貿易往來，以及 911 事件後反恐怖主義的需要，布希安全團隊將中共視為「戰略競爭者」的態度，已較上任之初和緩。

中共的亞太安全戰略

從中共角度理解其亞太安全戰略，可以更清楚地觀察亞太安全環境。

從 1979 年改革開放開始，中共的國家戰略一直是以經濟發展爲核心。追求經濟發展甚至不理會意識型態的干擾。這個戰略經過十年的努力，逐漸出現成果。

1989 年是中共發展的關鍵年。因爲這年發生的天安門事件使中共的國際形象直墜谷底。原本就因冷戰結束而喪失合作基礎的中（共）美關係因此完全破裂。1993 年起，國際傳媒逐漸興起中國威脅論；加上 1996 年在台海發動飛彈演習，引發第三次台海危機，更落實美國藍隊的指控：中共成爲亞太地區的安全威脅。2001 年布希總統上任後，改採強硬路線，中、（美）對峙格局逐漸形成。

針對美國強硬的態度，一向強調民族自尊的中共反而採取務實與彈性的姿態回應。中共認爲蘇聯經濟崩潰就是因爲與美國爭奪霸權而軍備競賽的結果。因此面臨美國的挑釁不能上當，避面陷入軍備競賽的困境而妨礙經濟發展。

指導原則就是鄧小平 1989 年提出的廿八字方針。這是針天安門事件後西方制裁的壓力，鄧小平於 9 月對中共的主要負責人提出第一個「三句十二字方針」：

冷靜觀察，穩住陣腳，沉著應付。

此後鄧小平又陸續對江澤民、李鵬等中共領導人提出另外的「四句十六字方針」：

善於守拙，決不當頭，韜光養晦，有所作為。

這廿八字方針後來被廣泛應用於處理與西方關係中出現的衝突。[13]

這廿八字方針對中共安全戰略的指導性是極重要的。因爲在集體領導中，讓步的做法很容易被批評爲軟弱，這使負責人往往要擺出強硬姿態以維護其領導權威；但也往往因此而付出代價。廿八字方針的第一個原則就是「不搞對抗」。這使中共的領導人在對外關係上可以有較大的處理彈性。南斯拉夫大使館被美軍誤炸、南海軍機擦撞事件都相當程度的打擊民族自尊，但中共都以克制的態度迅速解決。

廿八字方針的核心是「韜光養晦」，基本概念是中共會愈來愈強大，但對此不需要張揚，臥薪嚐膽，到廿一世紀的五０年代再見高低。「決不當頭」的實質意義是推行一套「低姿態外交」，這也是廿八字方針的第二個原則。

「韜光養晦」的戰略意義就是盡量避免外界干擾，積極培養實力。這廿八字方針在鄧小平權威下成爲共識，給任何繼任者提供足夠的保護傘。經濟安全既被視爲政治安全利益的物化表現，及物質基礎，只要能確保經濟成長，縱然在外交領域受挫，也不至於影響領導威信。這與以往外界批評中共重視「面子」的形象，其實已大不相同。

基於「韜光養晦」的指導原則，中共亞太地區的總體戰略，可以簡單的概括爲：「穩定週邊，立足亞太」。[14]這一戰略的基本內容，就是積極發展與亞太國家的友好關係，創造良好的周邊環境，以立足亞太，走向世界。中共在 1998 年版本的《國防白皮書》中提出其亞太安全戰略的三個目標：

1. 中國自身的穩定與發展。
2. 周邊地區的和平與穩定。
3. 與亞太各國開展對話與合作。

就中共學者的觀點，中共亞太戰略的主要內容包括：[15]

1. 維護國家主權，實現祖國統一。
2. 促進自身繁榮，增強綜合國力。
3. 保持周邊穩定，爭取地區和平。
4. 奉行獨立自主，不與大國結盟。
5. 堅持積極防禦，絕不謀求霸權。

中共學者特別強調，第一點這是中共對外政策的一個基本目的，也是中共亞太安全戰略的根本目標。這其中夾雜著從半殖民地掙脫而逐漸趨向強大的民族情緒。原文中有「帝國主義任意宰割、掠奪與支配中國的時代從此一去不返。一切國家必須尊重中國主權。」[16]的論述。這其中的民族情緒是很強的。

關於第二點；中共認清只有持續發展經濟，使經濟實力更壯大，中國才有能力處理外部事務。因此，中共必須保有和平的外在環境。這也是中共國家戰略的核心；其它幾點多爲配套措施而已。

中（共）、美對峙格局下的台海安全

中共崛起後，亞太地區呈現中（共）、美對峙的權力結構，這使台灣的戰略地位產生結構性改變。冷戰初期，台灣只是亞太地區列島防線的一環；而亞太地區在美國世界性的圍堵中重要性遜於歐洲。1979 年中（共）美結盟後，台灣戰略地位更是一落千仗，在美國國家利益清單中已經屬於後面幾頁。

蘇聯瓦解、中共崛起，台灣戰略地位就不可同日而語。美國視中共爲亞太地區權力的競逐者。但就全球其他區域而論，並沒有類似中共這種崛起中的角色挑戰美國。這使美國得以用相當多心力應付中共競逐。1995 年開始，中共及解放軍研究成爲美國國際政治及戰略學界的顯學，而且趨勢愈來愈明顯，逐漸超越對其他區域的研究。台灣的戰略地位也因此愈趨重要，逐漸列在美國國家利益清單中的前幾名。

戰略地位重要並非值得雀躍的事。因爲難免懷璧其罪成爲各方權力競逐的對象。這將影響國家的長治久安。舉例而言：瑞士之所以能成爲真正的永久中立國，就是因爲其戰略地位一點都不重要。相對而言，比利時及荷蘭位於德、法攻勢軸線內。雖企圖中立，但因戰略地位重要，兩次世界大戰都不能免於戰火。

台灣的戰略地位－地緣政治的觀點

中國大陸雖然有長達 18,000 公里的海岸線，但是地處太平洋西岸，只面臨一個大洋，這表示只有一個發展方向。台灣位於西太平洋第一島鏈的中央位置；往北的琉球群島、日本列島、千島群島，蜿蜒 2,000 多海浬，是東北亞經濟最發達的地區。往南則是數千東南亞島嶼，縱深 1,600 海浬，是世界上橡膠、錫、石油的主要產地之一。同時，台灣還控制著中東輸往東亞的油路。[17]

就戰略環境來說，台灣北方爲日本，南方爲菲律賓。日本與美國爲準軍事同盟；菲律賓曾是美國殖民地，關係均相當密切。如果台灣也向美國傾斜，那麼一個堵住中國往海洋發展的防線就能成立。

從中共的觀點來看：台灣是中國通往太平洋的大門，也是中國大陸與太平洋及東南亞國家接觸交往的基地與中間站；海峽兩岸的經濟實力若能合在一起，中國的綜合國力就能進一步增強。因此，哪個國家干預兩岸統一，就是不願意看到中國強大，企圖控制台灣，關閉中國走向遠洋、走向世界的大門。[18]

從軍事角度言，中共如控領台灣，可以從台灣編組一隻現代化的艦隊，在不需要任何補給，僅不到兩天的時間，機動範圍可以覆蓋整個中國沿海；還可向北跨越東海直接打擊侵犯南海之敵。[19]相反的，台灣如果不由中共控領，則其「藍水海軍」的期待終將只是個夢想。

面對中共的崛起，美國以圍堵爲主要構想，因此，一度因核子試爆與美國長期不友善的印度也成爲拉攏對象。[20]除此之外，台灣對美國的戰略價值愈形突顯。台灣已成爲美國的攸關利益。中共只要企圖以武力攻取台灣，就不是美國會不會干預的問題，而是如何干預。誠如布里辛斯基所言：

美國將不得不進行干預，不是為了一個分離的台灣，而是為了美國在亞太地區的地緣政治利益。[21]

戰略價值重要並非可喜之事，因爲在美國海權架構及中共陸權思維間，台海將成爲中（共）、美對峙下，唯一可能直接發生軍事衝突的地方。

台灣的選擇

由於戰略地位重要，台灣將受亞太權力競逐的牽動，也就是在中（共）、美對峙下被迫選邊。而無論如何選擇都直接關係台灣安全。

從戰略角度來看，造成國內政治紛擾的「統一」或「獨立」的問題，其實就選邊問題。尋求「統一」就是選擇中方；尋求「獨立」就是選擇美方；因爲沒有不獲得美方支持而能獨立的可能。這不僅是政治或民族情感的問題，也是選擇未來發展方向的問題。選擇中方，就表示在亞太地區海、陸權的對抗中選擇陸權，發展方向在大陸；選擇美方，就表示選擇海權，發展方向在海洋。

以目前趨勢而論，我方經濟上傾向大陸，這是出於地緣經濟的利益。大陸提供的資源、原料與市場是其他地區所難以取代。在政治上則選擇美國；這是因爲除歷史因素外，雙方在政治制度與生活方式上較爲類似。這種雙重選擇性反應在國內政治上就是「維持現狀」。而中（共）、美雙方目前也不具直接衝突的條件，因此也都傾向維持現狀；以避免武裝真的衝突發生。

國家未來政治發展是敏感性極高的問題，某些政治偏好或將決定政治行爲。從戰略學術的角度，雖不便提出任何選擇的建議，但在列舉選擇清單時必須提出應有的分析，以供參考。這也是戰略學術的價值所在。

建議記憶或理解的問題：

一、美國在亞太地區的戰略之錨爲何？
二、美日安保新指南對「日本周邊」的見解爲何？
三、何謂第一軌道？何謂第二軌道？
四、「中國威脅論」興起後，美國國內對中共政策定位的辯論可分爲哪兩派？
五、中共當前外交指導的「十六字方針」爲何？

建議思考的問題：

在中（共）美對峙格局中，台灣選擇美國的利益爲何？選擇中共的利益爲何？是否能夠不選邊保持中立？你的看法爲何？

【註解】

[1] 陳鴻瑜，「東南亞安全情勢」，台北：台灣綜合研究院戰略與國際研究所編印《2001 台灣安全展望白皮書》，2001，頁 97。
[2] 林正義，「亞太安全保障新體系」，問題與研究，第 35 卷第 12 期，1996 年 12 月，頁 13-17。
[3] 林正義，前引文，頁 5。
[4] 鈕先鍾「馬漢的著作與思想」，《戰史研究與戰略分析》，台北：軍事譯粹社，1988，頁 201。
[5] 鈕先鍾「海洋、海權與海洋戰略」，《國際安全與全球戰略》，台北：軍事譯粹社，1988，頁 28-29。
[6] Zbigniew Brzezinski，《大棋局：美國的首要地位與其地緣戰略》中國國際問題研究所譯，上海：人民出版社，1998，頁 43。
[7] Zbigniew Brzezinski，前引書，頁 260。
[8] Zbigniew Brzezinski，前引書，封底頁。
[9] 李文志，《後冷戰時代美國的亞太戰略－從扇形戰略到新太平洋共同體》，1997，台北：憬藝企業，頁 38。
[10] 同前註。
[11] 同前註，頁 153-154。
[12] 美國國防部「2025 年亞洲」報告中指出：「無論中國大陸成爲民主社會或轉型爲市場經濟，美國都已決定視中共爲未來的敵人，並且針對這種認定開始策劃……。一個安定而強大的中國將會不斷威脅亞洲現狀，一個不穩而相當微弱的中國可能是危險的，因爲它的領袖可能會試圖以軍事冒進來鞏固他們的權力」。這份報告強調的重點還包括：華府若要在亞太地區扮演主要角色，就必須在南亞及東南亞建立前進作戰基地。印度具有崛起的戰略潛能，美國必須防止中共與印度結盟。見「美視中共爲敵 防堵與印結盟」，中國時報，民國

90 年 5 月 13 日，第 11 版。

[13] 由冀，「回應後冷戰時代的挑戰」，田弘葳編，《後冷戰時期亞太集體安全》，台北：業強出版社，1996，頁 250-251。

[14] 朱陽明主編，《亞太安全戰略論》，北京：軍事科學出版社，2000，頁 271。

[15] 同前註，頁 271-272。

[16] 同前註，頁 272。

[17] 劉繼賢、徐錫康《海洋戰略環境與對策研究》，北京：解放軍出版社，1996，頁 46。

[18] 董栓柱「從地緣戰略看美國對台灣問題的干預－美國插手台灣問題的地緣戰略目的」，中國軍事網，http/www.radiohx.com./big5/junshi/big_mili02223.htm。

[19] 同前註。

[20] 據報導，美國某不願曝光的國防部高級官員在接受法新社記者訪問時表示，美國擬加強與印度軍事關係，拉攏印度以制衡中共，此舉為美國地緣政治的大轉變。見「牽制中共美擬加強與印軍事關係」，聯合報，民國 90 年 5 月 27 日，第 11 版。

[21] Zbigniew Brzezinski，前引書，頁 246。

第五章

中共的武裝力量

威脅評估（一）

中共政權為我國家安全最大的外部威脅，因此評估中共武裝力量國防政策才有依據。本章討論中共的武裝力量，先從組織面著手，探討中共的軍事組織，進而分析當面解放軍的兵力，評估可能使用於對台戰役的武力。

除此之外，進一步微觀地檢視解放軍真正戰力。本章並不循分析主要武器的傳統研究途徑；因為解放軍大多數部隊仍使用六、七十年代的老舊裝備，循此途徑很容易將解放軍戰力判斷過低。本章採以檢視2000年10月中旬解放軍在北京燕山附近所舉行的「世紀大演兵」的有關報導為依據，研判解放軍的新面貌，並分析解放軍的軍事戰略。真正值得的是，某些西方專家認為中共「戰略」的現代化才是軍事現代化的重點，而不在武器裝備。換言之，解放軍如何賦予普遍落伍老舊的武裝力量以新的面貌，才是真正的重點。同時，隨著中共經濟實力及科技能力的提高，不排除十數年後解放軍武裝大幅躍昇的可能。文後並分析中共可能的攻台模式以供參考。

中共的軍事組織

評估概念

中共政權不放棄對台灣使用武力，是我國家安全最大的外部威脅。為確保安全，必須評估中共武裝力量，作為制定國防政策、擬定軍事戰略及兵力規劃的參考。因此每個版本的《國防報告書》都會有相當多的篇幅評估中共武裝力量。

評估中共的武裝力量並不是件容易的事。中共 240 萬大軍不僅規模極大，內涵也相當複雜。事實上，在 1990 年代中期「中國威脅論」興起後，「解放軍研究」就成為西方國際關係及戰略學界的顯學。每年研究解放軍的出版品如雨後春筍的出現。雖然如此，中共武裝力量的真相到底如何仍如霧裡看花。

主要的關鍵在於中共有「保密」的軍事傳統。雖然在全球化趨勢下「國防透明化」呼聲愈來愈高，但中共仍極不願意公開其武裝力量的相關細節，至多就原則性事項描述一二。中共相當鼓勵研究風氣，包括軍事科學院、國放大學、解放軍等權威出版社有關軍事著作很多，外界也很容易購得；但對解放軍實況都諱莫如深。而且這些理論性著作是否成為建軍政策或戰略指導原則也不一定。只是多少可以理解其戰略思唯轉變的軌跡。解放軍實況的不透明，使外界對中共武裝力量的敘述都僅止於推測而已。

除此之外，中共武裝力量可以從多種面向觀察。包括：組織型態、兵力結構、主要武器裝備、戰略文化、軍事思想、軍事戰略、戰力的整合評估、戰術戰法……甚至軍事事務革命等。如果不能綜合整理，就極可能像「瞎子摸象」的寓言所描述，每人都知道一部份，但整體是甚麼則不得而知。

本章先從軍事組織著手描述中共的武裝力量。因爲這關係到作戰序列，是理解一個部隊最基本的。正如前述的限制因素，雖然許多資料出於揣測，但盡量求多項來源以徵信實。同時也提醒讀者，此一面向並非解放軍真相的全部，仍必須再從其他面向觀察才能真正解理。

「中華人民共和國」是個共產黨領導的政權。以黨領政，黨國難分。軍事組織與一般民主國家差異很大。（附表 6-1：中共軍事組織判斷表）

【解放軍人事小檔案】

江澤民　1926 年 8 月 17 日生，江蘇省揚州市人。1947 年畢業于上海交通大學電機系。1955 年赴蘇聯莫斯科史達林汽車廠實習。1956 年回國任長春第一汽車製造廠動力處副處長。1962 年後任上海電器科學研究所副所長等職。1982 年後任電子工業部第一副部長、黨組副書記，部長、黨組書記。1985 年任上海市市長。1987 年被選爲中共中央政治局委員。1989 年 6 月「天安門事件」後被鄧小平拔擢爲中共中央委員會總書記。1990 年 3 月取代鄧小平爲中央軍事委員會主席。1993 年 3 月當選爲中華人民共和國主席。是中華人民共和國有實權的領導人。

附表 6-1　【中共軍事組織判斷表】

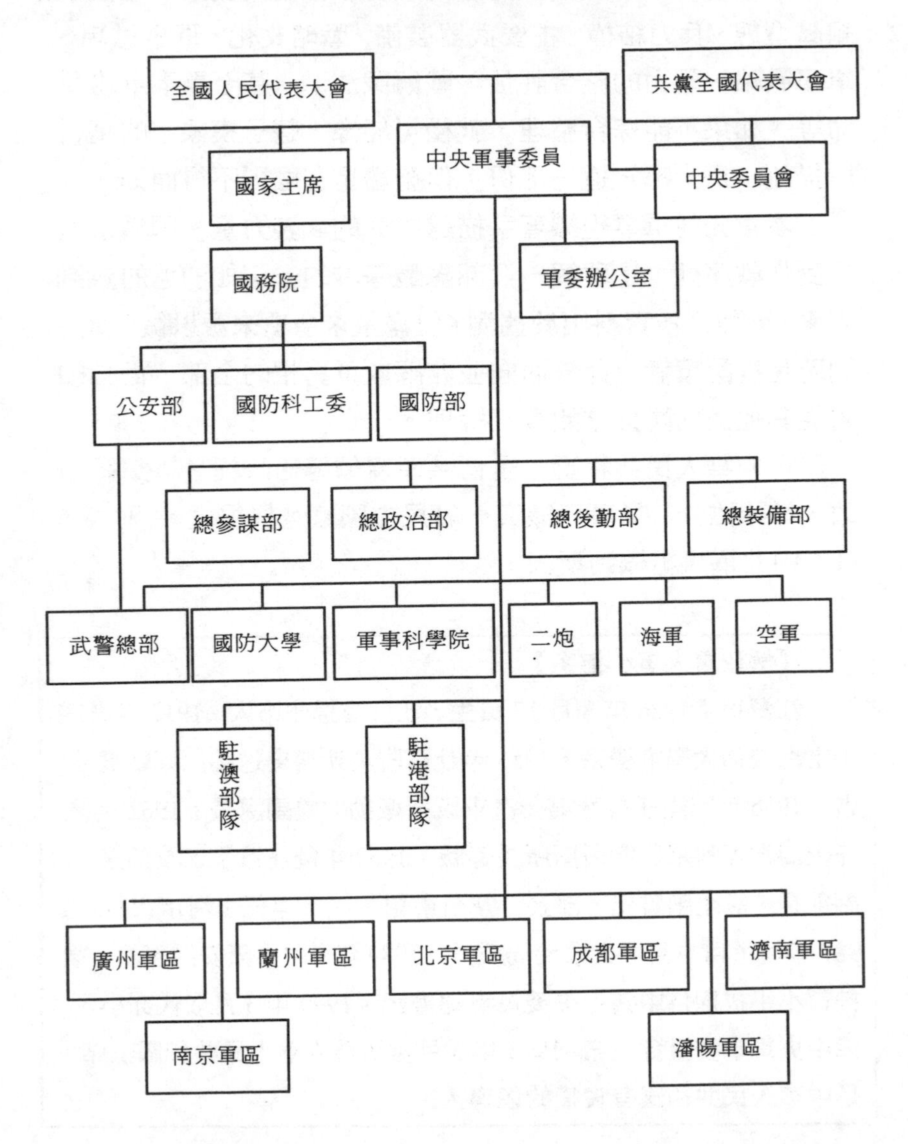

中央軍委

中共軍事的最高領導機關，是共黨中央委員下的「中央軍事委員會」，簡稱為「中央軍委」。目前成員：主席、三位副主席、七位委員。這個機關同時是「中華人民共和國」政府的「中央軍事委員會」。同個組織，同個招牌，但分屬黨與國家。中華人民共和國雖設有國防部，隸屬於國務院，但只是國務院領導和管理國防建設事業的部門而已，並無實權。[1]

中共的武裝力量由「中國人民解放軍」現役部隊和預備役部隊、武裝警察部隊、民兵組成。人民解放軍原來是中國共產黨的軍隊，但中共統治中華人民共和國，所以也是國家軍隊。但習慣上不稱作「國軍」。因為會與「國民黨軍隊」混淆。

人民解放軍軍官的最高職務是中央軍委委員。中央軍委是個決策機構，沒有退休年齡限制，所以超過 70 歲的老將比比皆是。中央軍委成員不一定是軍職，如果是文職，一定是中共政權的領導人。因為中央軍委雖然名義上受共黨中央委員會及「中華人民共和國」全國人民代表大會指導，卻是實際的軍事統帥機構，在概念上與美國「國家指揮當局」(Nation Command Authorities，NCA 指美國總統及國防部長）相當。解放軍統帥是中央軍委主席，並非中共的黨領導人或國家領導人，這與民主國家大異其趣。因此在「槍桿子出政權」的共識下，中央軍委主席才是真正實權的中共領導人，而不一定是黨總書記或國家主席。除非這三個職務由同一人擔任。譬如，1987 年鄧小平雖退休卻但仍擔任中央軍委主席，時任黨總書記的趙紫陽及國家主席楊尚昆則只任中央軍委副主席，這使鄧小平仍是中共實際的最高領導人。因此 1989 年「6．4 天安門事件」爆發時，同情學生的趙紫陽不僅無力阻止軍事鎮壓，事後反被撤職軟禁。

【解放軍人事小檔案】

胡錦濤　1942 年 12 月生，安徽績溪人，清華大學水利工程系河川樞紐電站專業畢業。1959-1965 年在清華大學水利工程系學習。隨後參加水利工程的研究及建設工作。1974 年任甘肅省建委秘書。1982 年任共青團中央書記處書記，全國青聯主席。1985 年任中共貴州省委書記。1988 年任中共西藏自治區委員會書記。1992 任中共中央政治局常委、中央書記處書記。1993 年任中央黨校校長。1998 年任中華人民共和國副主席。1999 年 9 月任中央軍事委員會副主席。

中央軍委的幕僚組織是「四總部」：總參謀部（首長是總參謀長）、總政治部（首長是主任）、總後勤部（首長是部長）、總裝備部（首長是部長）。而解放軍各高級指揮機構的幕僚組織基本上也是「四大部」，因此中央軍委能透過四總部對各軍區、各軍兵種實施領導指揮。

人民解放軍的現役部隊，是由陸、海、空三個軍種及「第二砲兵」的獨立兵種組成。軍政、軍令合一，但作戰指揮是由「軍區」負責，不是軍種總部。

【解放軍人事小檔案】

張萬年 1928年8月生，山東省龍口市（原黃縣）人，1944年8月入伍。1945年任東北民主聯軍警衛員。1950年任第41軍團司令部作戰股長。1961年任第41軍副團長。1968年任第43軍127師師長。1981年任第43軍軍長。1982年任武漢軍區副司令員。1985年任廣州軍區副司令員。1987年任廣州軍區司令員。1990任濟南軍區司令員。1992年任中央軍委委員，總參謀長。1993年晉升上將軍銜。1995年任中央軍委副主席。

【解放軍人事小檔案】

遲浩田 1929年7月生，山東省招遠縣人，1945年7月入伍。1948年任第3野戰軍連副指導員。1950參加韓戰任志願軍第27軍營教導員。1970年任陸軍第27軍81師政委。1973年任北京軍區副政委，《人民日報》社副總編輯。1977年任解放軍副總參謀長。1985年任濟南軍區政委。1987年任中央軍委委員，解放軍總參謀長。1988年被授予上將軍銜。1992年任國防部部長。1995年任中央軍委副主席。

七大軍區

解放軍採「軍區」制度，將全國分爲7個大軍區：瀋陽軍區（轄遼寧、吉林、黑龍江、熱河等省駐軍）[2]、北京軍區

（轄北京、天津、河北、山西和內蒙古等省市駐軍）、蘭州軍區（轄陝西、甘肅、寧夏、青海、新疆和內蒙古西部、西藏阿裏地區等地駐軍）、濟南軍區（轄山東、河南省駐軍）、南京軍區（轄上海、江蘇、浙江、安徽、江西、福建等省市駐軍）、廣州軍區（轄湖北、湖南、廣東、廣西、海南等省駐軍）、成都軍區（轄重慶、四川、雲南、貴州、西藏等省市駐軍）。

大軍區的主要任務是負責轄區內諸軍、兵種部隊聯合作戰的指揮，和所屬部隊的軍事訓練、政治工作、行政管理、後勤，並領導轄區內的民兵、預備役、兵役動員工作和戰場建設等。

大軍區領導人是「軍區司令員」與「政治委員」。政治委員（簡稱政委）是解放軍比較特殊的制度。中共為貫徹以黨領軍，在軍中實施「黨委會集體領導下的責任分工制」；在這制度下，重大事項透過黨委會討論後決定。如果有爭議，則報請上一級黨委會指示。如果是緊急事件，軍事作戰由司令員（或指揮員）負責，政治工作由政委負責，事後再提報檢討。雖然實際運作不會那麼複雜，但也顯示政委在解放軍中與司令員一般高的特殊地位。事實上，政委官階、資歷比司令員還高的情況並非沒有。

大軍區的幕僚機構是「四大部」：司令部、政治部、後勤部、裝備部。作戰部隊是陸軍的集團軍，同時作戰管制轄區內的空軍及海軍部隊。

中共傳統是個陸權國家，陸軍獨大。海、空軍雖是解放軍軍種之一，但地位不能與陸軍比。海、空軍都設總部，但陸軍不設。海、空軍司令員等級與 7 大軍區司令員相同，都屬「正大軍區級」。

人民解放軍空軍

在概念上，人民解放軍空軍總部是「軍委空軍」；所以其首長是空軍司令員，而不像其它國家是所謂的空軍總司令。

「軍委空軍」下轄各「軍區空軍」（屬於副大軍區級）及直屬之空降 15 軍。軍區空軍則轄各空軍軍及基地。整個領導體系是：軍委空軍－軍區空軍－軍（基地）－師－旅－團－營（大隊）－連（中隊）。其中軍區空軍雖屬於軍委空軍建制，但受軍區司令員的作戰管制。為加強軍區空軍與軍區間整合，軍區空軍司令員都兼有軍區副司令員身分。

無論軍委空軍或軍區空軍，幕僚組織一樣都是四大部：司令部、政治部、後勤部、裝備部，接受中央軍委四總部的協調指導。（附表 6-2：中共空軍組織判斷表）

值得注意的是空降 15 軍，因為是地面部隊，而且解放軍唯一的空降傘兵部隊；但與其他國家不同，不屬陸軍而屬空軍。這可能有兩個著眼：

（一）師法前蘇聯的空降部隊，統一運用編制內的人員及運輸載具，避免戰鬥人員與空運機隊間可能產生的聯絡斷層。[3]

（二）解放軍沒有一般國家的陸軍總部，所以無法直屬陸軍。直屬軍委空軍就等於直屬中央軍委，中央軍委可依需要將這支部隊投入任一軍區作戰，在戰略運用上有相當大彈性。

附表 6-2　　　　　　【中共空軍組織判斷表】

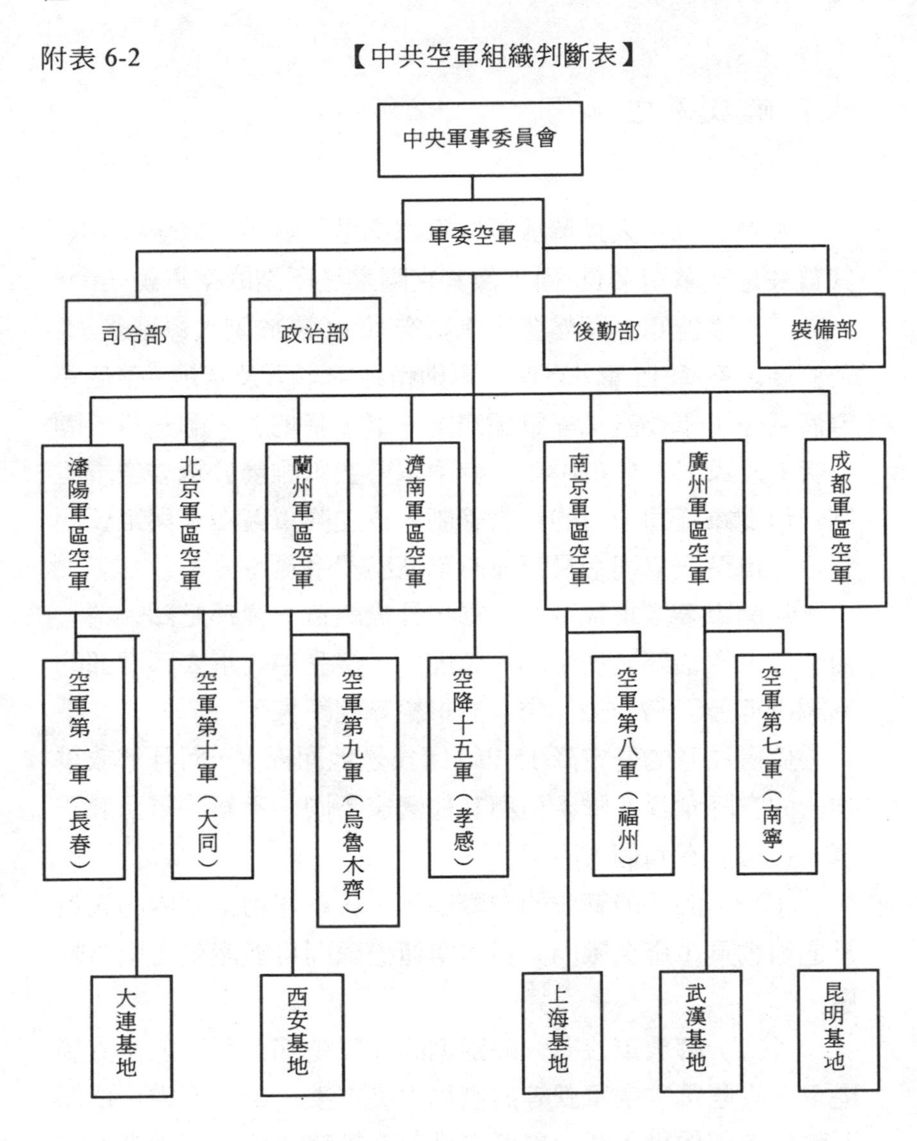

中共空軍的作戰單位編制與陸軍類似，採用：軍（基地）、師、旅、團、營（大隊）、連（中隊）等。這與我國與美國空軍的「聯隊制」不同。

【解放軍人事小檔案】

喬清晨　1939 年生，河南鄭州人。1956 年入伍。1988 年被授予空軍少將軍銜，1996 年晉升空軍中將軍銜。曾任空軍航空第 29 師師長，空軍第 4 軍副政委，空軍西安指揮所政委。1990 年任濟南軍區空軍副政委，1996 年 1 月任北京軍區副司令員兼軍區空軍司令員。1997 年 11 月任空軍副司令員。1999 年 1 月起任空軍政委。2002 年 5 月任空軍司令員。

人民解放軍海軍

在概念上，人民解放軍海軍總部是中央軍委領導海軍的「業務單位」，同時又是海軍部隊、院校、科研和工程、後勤等單位的最高領導機關，負責海軍建軍和海軍單獨作戰時的指揮。

作戰部隊劃分爲北海艦隊、東海艦隊、南海艦隊等三大艦隊（副大軍區級）。

領導體系：平時在中央軍委領導下，由海軍－艦隊－基地（艦隊航空兵）－支隊（水警區、航空兵師）。戰時如果是海軍出海獨立或跨戰區作戰，則爲海軍－艦隊－海上編對。

近岸作戰爲海軍－艦隊－基地（艦隊航空兵）－水警區（支隊）。如果是參加戰區的協同作戰，則爲戰區－艦隊（基地）－海軍編隊（支隊、水警區、航空兵師）。

【解放軍人事小檔案】

石雲生　1940年1月生，遼寧撫順人。1956年入伍。1958年6月畢業於空軍第1航空預備學校。1962年7月畢業於空軍第7航空學校。1979年入讀海軍指揮學院。1988年被授予海軍少將軍銜。1994年被授予海軍中將軍銜。2000年被授予海軍上將軍銜。1962年8月任海軍航空兵飛行員，1964年5月任中隊長，1966年10月任副大隊長，1969年10月任副團長。1976年9月任北海艦隊航空兵副司令員，1981年4月任海軍航空兵師長，1983年6月任南海艦隊航空兵司令員。1990年6月任海軍航空兵部副司令員。1992年11月任海軍副司令員。1996年11月任海軍司令員。

爲了統一指揮海軍航空兵，海軍幕僚組織除四大部外另設「海軍航空兵部」以直轄各艦隊航空兵。這是海軍與其它大軍區級的幕僚組織不同之處。

爲加強三大艦隊與軍區間整合，海軍三個艦隊的司令員都是由所在軍區的副司令員兼任：「北海艦隊」司令由「濟南軍區」副司令員兼任、「東海艦隊」司令由「南京軍區」副司令員兼任、「南海艦隊」司令由「廣州軍區」副司令員兼任。（附表6-3：中共海軍組織判斷表）

三大艦隊所轄範圍：[4]

北海艦隊：中韓邊境至江蘇海安（北緯 35 度 10 分以北）。

東海艦隊：江蘇海安至福建東山（北緯 35 度 10 分與 23 度 30 分間）。

南海艦隊：福建東山至中越邊境（北緯 23 度 30 分以南）。

附表 6-3 【中共海軍組織判斷表】

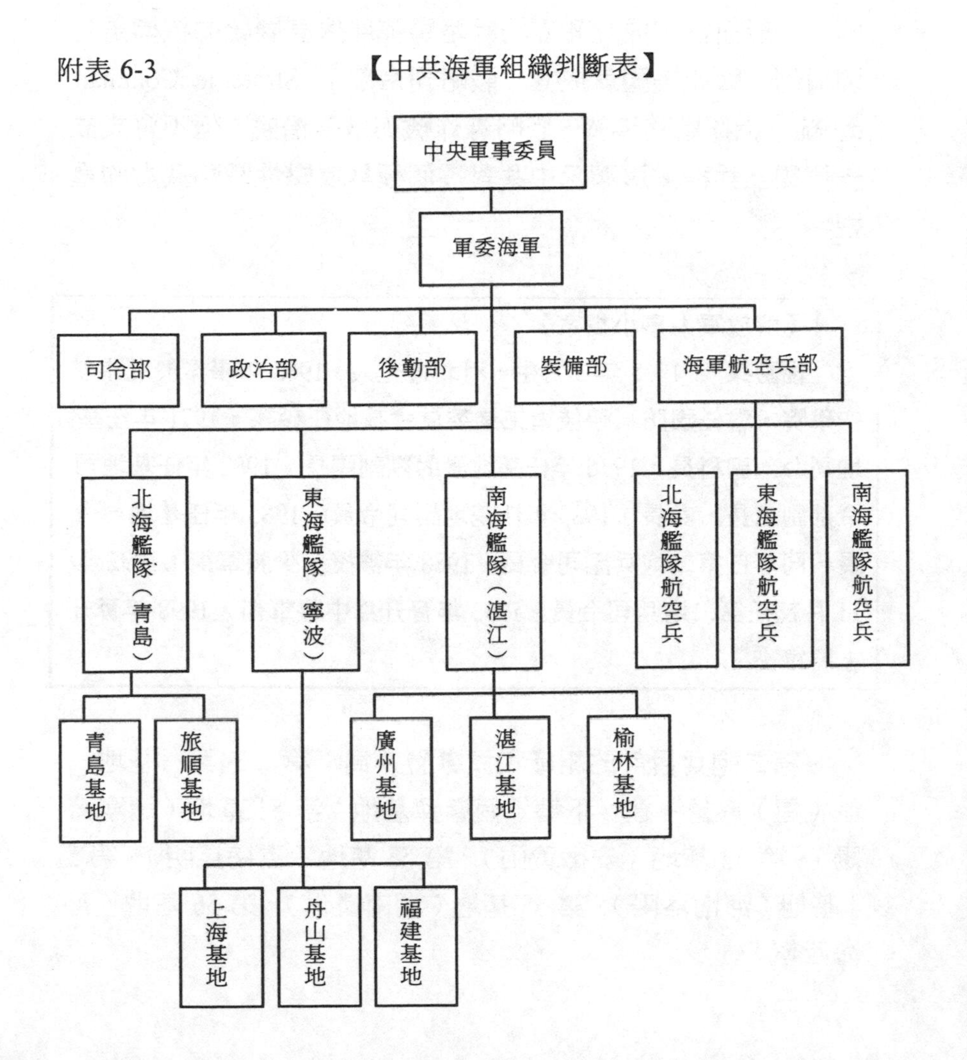

第二砲兵

在概念上，「第二砲兵」是直屬中央軍委的獨立兵種。所謂「第二炮兵」就是戰略導彈部隊。這與其他國家做法不同；一般而言，成立獨立的戰略導彈部隊直屬統帥機構是各國慣例，譬如美國就成立「戰略司令部」（Strategic Command）統一指揮戰略導彈、戰略轟炸機與飛彈潛艦；但不會成立一個獨立兵種。這顯示中共對這個極具攻擊性戰略武力的重視。

【解放軍人事小檔案】

楊國梁　1938 年 3 月生，河北遵化人，1963 年畢業於北京航空學院。曾任國防科學技術工業委員會基地任參謀，1971 年任基地司令部副科長，1976 年任基地發射團副團長，1982 年任基地司令部副處長、處長，1983 年任基地副司令員，1985 年任基地司令員，同年任第二炮兵副司令員，1988 年被授予少將軍銜，1992 年 11 月起任第二炮兵司令員。1993 年晉升爲中將軍銜，1998 年晉升上將軍銜。

第二砲兵目前的組織和領導體系爲：第二砲兵－基地－旅（團）－營－連。下轄 6 個導彈基地：第 51 基地（遼寧瀋陽）、第 52 基地（安徽黃山）、第 53 基地（雲南昆明）、第 54 基地（河南洛陽）、第 55 基地（湖南懷化）、第 56 基地（青海西寧）。

預備役、武警與民兵

人民解放軍預備役部隊、武警與民兵也是中共的武裝力量之一。

「人民解放軍預備役部隊」是以預備役人員爲基礎、現役人員爲骨幹。按規定的體制編制組成的部隊。平時按照規定進行訓練，必要時可以依照法律規定協助維護社會秩序，戰時根據國家的動員令轉爲現役部隊。

「武裝警察部隊」則是擔負安全保衛任務的部隊，受國務院、中央軍委會的雙重領導，由內衛、黃金、森林、水電、交通等部隊組成。

「民兵」在軍事機關的指揮下，擔負戰備勤務、防衛作戰任務，協助維護社會秩序。總參謀部主管全國的民兵工作，各軍區負責本區域的民兵工作，省軍區是地區民兵領導指揮機關。

可用於犯台之武力

1997-1999 年，人民解放軍裁軍 50 萬。雖然如此，仍擁有 232 萬兵員。其中陸軍（地面部隊）150 萬餘人，海軍 34 萬餘人，空軍 33 萬餘人，二砲 12 萬餘人。[5]要理解這麼個龐然大物絕非易事。不過中共是大國，有四周防務，不會全軍用於對付台灣。因此要評估對台灣的威脅，應將重點置於可能犯台的武力上。[6]

福州軍區沿革

1956年7月1日，中共為統一對台軍事，將南京軍區所轄福建、江西兩個省軍區劃出，成立「福州軍區」，直屬中央軍委領導。而後在1958年8月23日即發生「8・23砲戰」，中共對金門發動攻擊。這場著名的砲戰，最後中共以「單打雙不打」的方式下台階。1979年元旦，中共與美國「關係正常化」，始全面停止對金門地區砲擊。兩岸緊張的形勢也驅緩和。

1985年6月，中央軍委整編大軍區，將福州軍區與南京軍區合併，整編為新的南京軍區。至此對台軍事已由南京軍區負責。

南京軍區兵力

南京軍區現轄駐上海、江蘇、浙江、安徽、江西、福建的陸軍：第1集團軍、第12集團軍、第31集團軍和上海警備區、江蘇省軍區、浙江省軍區、安徽省軍區、江西省軍區、福建省軍區、南昌陸軍學院等部隊。另外作戰管制海軍東海艦隊和南京軍區空軍。

【第1集團軍】：

軍部駐地：浙江湖州

該集團軍在 1949 年 2 月，由西北野戰軍第 1 縱隊改編爲解放軍第 1 軍，轄第 1、第 2、第 3 師。12 月參加韓戰，1958 年 10 月回國。1984 年由軍長傅全有率領下參加懲越戰役。

1985 年改編爲第 1 集團軍，編入步兵第 181 師、坦克第 10 師、炮兵第 9 師和高炮旅。1987 年組建第一個「藍軍團」（假想敵部隊）。1996 年，步兵第 2、第 181 師改爲直屬武警總部的機動師。1998 年後，步兵第 3 師改爲摩步旅；第 1 師改編爲全軍第一個兩棲機械化步兵師；坦克第 10 師與高炮旅也分別改編爲裝甲師和防空旅。

第一集團軍很值得注意，是解放軍重點集團軍之一。判斷現轄二師三旅（一個兩棲機械化步兵師、一個裝甲師、一個摩步旅、砲兵旅及防空旅）已完全機械化。尤其是所屬機械化步兵第 1 師，在概念上是一種「特種陸軍海戰隊」（specialized marine forces），具有兩棲作戰能力。曾參加 2000 年 10 月在燕山舉行的「世紀大演兵」，是重點中的重點，非常值得注意。

【第 12 集團軍】：

軍部駐地：江蘇徐州

該集團軍在 1949 年 2 月，由晉冀魯豫野戰軍第 6 縱隊改編爲解放軍第 12 軍，轄第 34、第 35、第 36 師。1950 年 12 月參加韓戰。1954 年 4 月回國。

1985 年，改編爲陸軍第 12 集團軍，編入步兵第 179 師、坦克第 2 師、炮兵旅和高炮旅。1990 年代初，步兵第 36 師被編爲「快速反應部隊」。1998 年後，步兵第 34 師改爲摩步旅，坦克第 2 師改編爲裝甲師。步兵第 35 師改爲江蘇省預備役師。

【第 31 集團軍】

軍部駐地：福建同安

該集團軍在 1949 年 2 月，由華東野戰軍第 13 縱隊改編爲解放軍第 31 軍；轄第 91、第 92 和第 93 師。1953 年 7 月曾參加國軍突擊東山島之役。1958 年，軍屬炮兵部隊曾參加「8．23 砲戰」。

1985 年，改編爲第 31 集團軍，編入步兵第 86 師、坦克旅、炮兵旅和高炮旅。1996 年，第 93 師改爲直屬武警總部的機動師。1998 年，第 92 師改爲摩步旅，坦克旅改編水路兩棲裝甲旅，高炮旅改爲防空旅。

第 31 集團軍也值得注意，是台灣當面野戰部隊。判斷現轄二師四旅（兩個步兵師、一個兩棲裝甲旅、一個摩步旅、砲兵旅、防空旅），機械化程度也頗高。1995 年以來曾多次參加在東山島附近舉行的大規模登陸演習；包括 1996 年 3 月，引發「第三次台海危機」，中共號稱「建國後規模最大、使用高技術裝備最多、諸軍兵種合成程度最高」的「聯合 96」演習。其軍屬兩棲裝甲旅編組目的不言可諭，攻台戰役幾乎是必然參加的部隊。

【空八軍】：

軍部駐地：福建福州

1976 年 4 月，成都軍區空軍指揮所改編爲空軍第 8 軍。1978 年改組，撤銷番號。1985 年，在福建福州重新組建空軍第 8 軍。屬南京軍區空軍，南京軍區作戰管制。轄殲擊航空兵第 29 師、殲擊航空兵第 14 師、雷達旅、地空導彈旅等單位。

【東海艦隊】

駐地：江蘇寧波。

1949 年 4 月，華東軍區海軍在江蘇泰州成立。1955 年 10 月，更名爲海軍東海艦隊。1958 年組建潛艇部隊，並在廈門水警區基礎上組建福建基地。東海艦隊總部原駐上海，1969 年 10 月遷至寧波。

東海艦隊擔負華東海域作戰任務。接受軍委海軍和南京軍區雙重領導。爲台灣當面之海軍部隊，下轄上海基地、舟山基地、福建基地等。研判所轄艦艇如附表 6-4。

值得注意的，東海艦隊轄一陸戰隊師級的指揮機構。雖僅具基幹成員，但指揮部參謀平時擬定各項戰役計劃，戰時從其他艦隊或軍區抽調兵力補實，可成爲攻台戰役的主要部隊。

附表 6-4 【東海艦隊所屬主要艦艇判斷表】

編 號	艦 名	類 別	型 號
131	南京號	導彈驅逐艦	051（旅大 I ）
132	合肥號	導彈驅逐艦	051（旅大 I ）

133	重慶號	導彈驅逐艦	051（旅大Ⅰ）
134	遵義號	導彈驅逐艦	051（旅大Ⅰ）
136	杭州號	導彈驅逐艦	現代級
137	福州號	導彈驅逐艦	現代級
320	遠征 20 號	常規動力潛艇	039（宋級）
321	遠征 21 號	常規動力潛艇	039（宋級）
364	遠征 64 號	常規動力潛艇	KILLO 級
365	遠征 65 號	常規動力潛艇	KILLO 級
366	遠征 66 號	常規動力潛艇	KILLO 級
367	遠征 67 號	常規動力潛艇	KILLO 級
405	長征 5 號	核動力潛艇	091 改（漢級）
407	長征 7 號	核動力潛艇	091 改（漢級）
510	紹興號	導彈護衛艦	053H（江湖）
511	南通號	導彈護衛艦	053H（江湖）
512	無錫號	導彈護衛艦	053H（江湖）
513	淮陰號	導彈護衛艦	053H（江湖）
514	鎮江號	導彈護衛艦	053H（江湖）
515	廈門號	導彈護衛艦	053H（江湖）
516	九江號	導彈護衛艦	053H（江湖）
517	南平號	導彈護衛艦	053H（江湖）
518	吉安號	導彈護衛艦	053H（江湖）
521	嘉興號	導彈護衛艦	053H3（江衛Ⅱ）
522	連雲港號	導彈護衛艦	053H3（江衛Ⅱ）
523	三明號	導彈護衛艦	053H3（江衛Ⅱ）

524	莆田號	導彈護衛艦	053H3（江衛Ⅱ）
533	寧波號	導彈護衛艦	053H1（江湖Ⅱ）
534	金華號	導彈護衛艦	053H1（江湖Ⅱ）
536	蕪湖號	導彈護衛艦	053H1（江湖Ⅱ）
537	舟山號	導彈護衛艦	053H1（江湖Ⅱ）
539	安慶號	導彈護衛艦	053H2G（江衛Ⅰ）
540	淮南號	導彈護衛艦	053H2G（江衛Ⅰ）
541	淮北號	導彈護衛艦	053H2G（江衛Ⅰ）
542	銅陵號	導彈護衛艦	053H2G（江衛Ⅰ）
548	淮南號	導彈護衛艦	053H2G（江衛Ⅰ）

資料來源：「中國軍事新觀察」網站 http://go2.163.com/xinguancha/

【解放軍武器系統小檔案】

現代級　近年來中共向俄羅斯購買之主要水面艦。

重要諸元：

航速：32節。

續航力：14節時為14000海浬。

排水量：標準排水量7900噸，滿載排水量：8480噸。

艦長：156.37米，艦寬： 17.19米，吃水：7.85米。

攻艦飛彈：四聯裝超音速巡航導彈發射器（SS-N-22）兩座。

防空飛彈：單聯裝（SA-N-7）兩座（備彈48發 ）。

現代級之所以受矚目，主要因為配置SS-N-22（日炙）飛彈，這種攻艦飛彈的超音速性能使敵艦反應時間大減，威脅很大。

【解放軍武器系統小檔案】

基洛級　近年來中共向俄羅斯購買之潛艦。

重要諸元：

航速：水下 17 節。

續航力：45 天。

排水量：2325 噸。

艦長：72.6 - 73.8 米，艦寬： 9.9 米。

乘員：52 員。

武器系統：6 具 533 mm 魚雷發射管，備彈 18 枚。

24 枚 AM-1 水雷或 8 枚 SA-N-5（箭式）防空飛彈。

基洛級潛艦之所以受矚目，是因爲其潛航時聲音極小，隱匿性高，遠非中共現役潛艦可比，對敵艦威脅極大。

其他可用於攻台作戰之武力

【應急機動作戰部隊】

也就是所謂的「快速反應部隊」。1994 年前，被編爲「快速反應部隊」的除南京軍區 12 集團軍的 36 師（駐江蘇新沂）外，還包括成都軍區 13 集團軍的 149 師（駐四川樂山）、蘭州軍區 21 集團軍的 61 師（駐甘肅天水）、廣州軍區 42 集團軍的 124 師（駐廣東博羅）、濟南軍區 54 集團軍的 162 師（駐河南安陽）；共五個師。但 1994-1998 年大裁軍後擴編了「快速反應合成部隊」至 30 萬人。包括空降 15 軍、海軍陸戰隊等均列入。陸軍部分則編組了兩個集團軍，3 個陸軍師。

可能編入「快速反應合成部隊」的是四個所謂的「重點集團軍」。除第 1 集團軍之外還包括北京軍區的第 38 集團軍、瀋陽軍區的第 39 集團軍、濟南軍區的第 54 集團軍。這些集團軍都已經全機械化，第 38、39 集團軍還擁有直屬軍的直昇機大隊，編組陸航團。不過中共這幾年在直昇機的發展上遇到瓶頸，缺乏適用的通用直昇機。原有一批美製 UH-60（黑鷹）已老舊，取代的機種尚未研發成功，近年來與美國關係不佳又無法獲得更新。但武裝直升機 Z-9 已經突破研發瓶頸，解放軍又很重視直昇機部隊的發展，將迅速量產後部署。

比較可能投入對台戰役的是濟南軍區的第 54 集團軍。因爲 38、39 集團軍的建軍有針對性，並不擅長在潮濕海島及城市作戰。而濟南軍區是中共的戰略預備隊，建軍的通用性較高。

54 集團軍轄三師三旅（一個機械化步兵師、一個輕機械化步兵師、一個裝甲師、一個摩步旅、砲兵旅、防空旅）。除第 162 師是「快反部隊」外，改編爲「輕機械化步兵師」的第 127 師擅長山區及城市作戰，還擁有俄制 Mi-17 直昇機陸航部隊。曾參加 1999 年的國慶閱兵，以及 2000 年 10 月的「世紀大演兵」，非常值得注意。

不過，解放軍編組快反部隊的概念，是採取模組化的組合方式。設置常備司令部，但部隊平時分散部署，戰時才集中使用。這表示，不同集團軍的各快反部隊，平時可在建制單位內訓練管理，戰時才集中由常備司令部指揮。司令部平時可能是空架子，但研究各種作戰計劃，戰時才集中指揮各單位抽調來的精銳。這表示一個快反司令部可能同時配屬空降師、海軍陸戰隊旅、陸軍的輕機械化師或兩棲裝甲旅。這種運用方式使解放軍戰時編組擁有相當大的彈性空間，可以根據敵情及作戰構想挑選適合部隊作戰，攻台戰役當然也不例外。

【空降 15 軍】

軍部駐地：湖北孝感

空降 15 軍是中共唯一的空降部隊，具遠程投射能力及緊急部署能力，直屬軍委空軍，已被編入「快速反應合成部隊」；是極可能用於攻台戰役的部隊。轄 43、44、45 等三個空降步兵師，13 空運師及 13 空降獨立團。

【海軍陸戰隊】

1997 年前中共只有海軍陸戰隊一個旅，即成立於 1983 年的海軍陸戰隊第 1 步兵旅（駐廣東湛江）。1998 年，廣州軍區 41 集團軍的 164 師改編爲陸戰隊旅。解放軍的海軍陸戰隊旅目前雖不屬南京軍區，但 98 大裁軍時採「模組化」概念改編部隊，因此可以隨時編入南京軍區陸戰隊師遂行作戰。中共海軍陸戰隊一向以訓練嚴格著稱，戰力堅強，又具有兩棲作戰能力，用於攻台戰役理所當然。

【戰術導彈部隊】

解放軍雖擁有第二砲兵的戰略導彈部隊，但較適宜用於攻台戰役者仍爲部署於華南地區的M族戰術導彈基地。依據美國情報單位的研判：一九九六年，射程涵蓋台灣的中共短程導彈不到五十枚，二００二年四月，中共在台灣對面部署的導彈可能已超過三百五十枚；而這些導彈只需七分半鐘就可以飛抵台灣。[7]

91年版《國防報告書》的判斷是：[8]

> 中共現有東風系列短、中、長程、洲際彈道飛彈約五百餘枚；其中「東風十五號」(即M-9型）部署於江西樂平地區，前進（預備）陣地則分布江西、福建一帶地區；「東風十一號」(即M-11型）改良型飛彈部署於福建，射程均可涵蓋臺灣全島。上述地區飛彈部署完全針對臺灣，且數量不斷增加，預估至二００五年針對我部署之戰區飛彈可達六百餘枚。

攻台戰役之初，解放軍即發動大量導彈的飽和攻擊，企圖一舉摧毀國軍戰力的可能性很高。

解放軍的新面貌

中共在1995到1998年間實施裁軍50萬的變革。這個被慣稱爲「大裁軍」的作爲，真正目的其實並非爲裁軍，而是一個相當巨大的編裝改革工程。基本精神與國軍實施「精實案」如出一撤。精簡人事之餘，整個編裝大幅改變，以提昇戰力。有趣的是，海峽兩岸，「國民革命軍」與「人民解放軍」幾乎同時實施編裝改革，而且改革的重點同樣都放在陸軍，同樣都裁掉「師」，以簡化指揮層級。國軍建立「聯兵旅」，解放軍實施「旅團化」；基本精神並無二致，可說是殊途同歸。爲配合編裝改革，中共中央軍委主席江澤民再三要求解放軍要「科技練兵」、「科技強軍」；國軍也大幅更新武器裝備。如果說「精實案」後的國軍以嶄新面貌出現，「大裁軍」之後的解放軍同樣也是如此。

大裁軍

大裁軍對陸軍衝擊最大。因爲裁軍 50 萬中，陸軍就將近 42 萬，佔全軍的 18.6%。整個陸軍編裝幾乎徹底重整。

在集團軍方面共裁 3 個：瀋陽軍區第 64 集團軍，北京軍區第 28 集團軍，濟南軍區第 67 集團軍。使原有 24 個集團軍只剩 21 個。

14 個以上的步兵師被編爲武警機動師，使武警擴充至 1 20 萬人。一部份轉爲預備役，使後備力量超過 100 萬。至少一個師改編爲海軍陸戰隊，因此真正被裁的部隊極少。

大裁軍真正的重點是陸軍部隊的「旅團化」，也就是由「師」改「旅」，作爲作戰單元“模組化”的嘗試。旅內合成機械化步兵、坦克、炮兵部隊，與國軍將旅建制成聯合兵種的「聯兵旅」一模一樣。都是爲了減少指揮層級，以便更快速、機動的投射兵力。事實上，這也是世界各國陸軍改革的趨勢，無論美國與北約各國都朝這方向改革。

世紀大演兵

經過大裁軍翻修後的解放軍將呈現如何的新貌，不僅外界關切，中共本身也極欲瞭解。2000 年 10 月中旬，解放軍在北京燕山附近，以及位於內蒙古、渤海及東北，分屬陸、海軍及導彈部隊的三個分場，舉行了規模相當大的「大演兵」，以檢驗「科技練兵」的成果。這是解放軍自 1964 年「大比武」演習以來，演練層次最高、技術最新範圍最廣的一次軍事活動。此一「世紀大演兵」也就成爲我們觀察解放軍新貌的最佳機會。

演習總共歷時四天，包括「現地演兵」、「理論交流」、「網上練兵」3 項內容。

在「現地演兵」上，除燕山現場，三個分場的演習實況也透過「人民解放軍網路」傳到燕山現場。動用數十個單位，包括軍兵種聯合作戰、數位化砲兵、電子戰、特種作戰、艦炮及戰術導彈射擊、戰略導彈射擊等。演練所謂新「三打」：打隱形飛機、打巡航導彈、打武裝直升機；新「三防」：防精確打擊、防電子干擾、防偵察監視等數十項戰術技術。

在「理論交流」上，展示了 56 項理論研究成果的內容，包括高技術條件下諸兵種聯合作戰和偵察與反偵察、空襲與反空襲、突防與反突防、干擾與反干擾等軍事理論。

更值得注意的是所謂「網上練兵」。總共有 4 項：

（一）指揮機構聯合對抗演習。這是由解放軍國防大學充當總導演部，通過「全軍軍事訓練資訊網」將分佈在多個省市的陸軍、海軍、空軍、第二炮兵、後勤、通信的指揮學院，電子、軍械工程學院和濟南陸軍學院，南京軍區某訓練基地和某集團軍、某師連接起來，進行「紅」、「藍」對抗。

（二）各軍區、各軍兵種遴選的 149 名參謀，在網路上進行參謀「六會」（讀、記、算、寫、畫、傳）作業。

（三）網上遠端教學。

（四）包括陸軍、海軍、空軍、第二炮兵，「軍」以上單位司令部和武裝警察部隊的百餘名參謀人員「打擂台」。以展示知識水準、業務素質和謀略能力。

透過這次「世紀大演兵」，我們可以瞭解現在及未來一段時間內解放軍的大致面貌。

「數位化」是解放軍追求的目標，也經有相當的成果：軍事網路已經建立、各級部隊已經能運用網路交換資訊、也具備相當的電子戰能力。雖然大多數武器仍然老舊，但解放軍將數位化科技裝置在老裝備上，企圖賦予新生命。同時，發展了新的準則，這表示在戰術戰法已經有相當程度的創新。

但是無論武器或戰術的發展，都是反應當前的生活方式。觀察解放軍「數位化」程度的最好指標，就是中共資訊產業的發展狀況。當中共資訊產業的發展仍落後先進國家一大截時，不可能單獨在武器系統上有所突破。這也是爲何美國某些人士會擔憂，當先進半導體科技流入大陸時，能幫助解放軍轉型爲一支高效率、高科技勁旅的原因。[9]

根據香港方面的報導。同樣在 2000 年 10 月，俄羅斯空軍接受解放軍要求，雙方展開一場小規模的空戰演習。俄羅斯空軍扮演美軍角色，以預警機、電戰機隨伴作戰飛機對解放軍發動攻勢，解放軍空軍攔截。演習的結果出乎解放軍意料之外，雙方科技層次差別太大，解放軍以「慘敗」收場。[10]

這一個極可能是「世紀大演兵」一部份的演習，正說明解放軍的「數位化」絕非容易的事，仍有一段漫長的道路要走。雖然如此，其努力方向與強烈企圖心仍值得注意；隨著中共近年來資訊產業的快速發展，解放軍極可能因此受益而呈現愈益加速的發展。不排除十數年間，解放軍真正出現令人耳目一新面貌的可能。

中共的軍事戰略

所謂「軍事戰略」可界定為：國家建立及運用軍事力量以爭取國家目標的藝術。這定義是較廣義的。在這個定義下，中共的核子戰略、威懾戰略、海洋戰略都可算是軍事戰略的一部份。不過這太廣泛，所以我們採較狹義的定義，限定為用兵指導上。簡單的說，就是先判斷未來可能發生甚麼樣的戰爭，包括敵人是誰、在哪裡打、如何打？再設想如何才能打贏的構想。這使軍事戰略成為國家建軍備戰的指導方針，而且只限於不使用大規模毀滅武器的傳統戰爭而言。

從 1970 年代中期開始到現在，中共的軍事戰略就已經很明確的定位在「積極防禦」上。此時「積極防禦」概念仍延續毛澤東「人民戰爭」思想，主要構想有二：

（一）戰爭前加強戰爭準備，採取積極措施，以阻止或推遲戰爭發生。

（二）一旦爆發戰爭，即以「人民戰爭」的持久作戰型態，粉碎敵人速戰速決的企圖。並以積極作戰行動，改變敵我力量對比，再轉入戰略反攻階段，以殲滅入侵之敵。[11]

這是因爲此時中共所面對美國或蘇聯的假想敵，軍事實力都遠較中共強大，只有利用中國大陸的廣土眾民，避實擊虛，才有機會獲得最後勝利。因此 1977 年 7 月，中央軍委擴大會議中在「積極防禦」後加上「誘敵深入」四字，提出了「積極防禦誘敵深入」的戰略方針。

1990 年代後，由於蘇聯的崩解，使中共遭受軍事威脅的形勢緩和。中共軍方認爲，後冷戰時代全球發生大規模戰爭的可性已經不大，但是區域性、規模小的戰爭將不斷發生。[12]同時，爲求有個和平的環境以持續發展經濟，並擔心逐漸強大的綜合國力引起週邊國家疑懼，所以再三強調其軍隊的防禦性。1995 中共發表的《軍備控制與裁軍》白皮書，強調中國的國防政策是防禦性的，是實行「積極防禦」軍事戰略與堅持「人們戰爭」思想，中國的軍事戰略是近海與防禦型戰略。2000 年發布的《2000 中國的國防》，第二章國防政策開宗明義也強調：中國奉行防禦性的國防政策。並且強調：

中國的發展和強盛不會對任何人構成威脅，而只會促進世界的和平、穩定和發展。永遠不稱霸，是中國人民對世界的莊嚴承諾。

就軍事層面而言，此時中共沿海經濟發展已具成效，若再憑藉廣土眾民誘敵深入，將對沿海經濟造成嚴重破壞，實際上並不可行。所以「積極防禦」戰略雖然名稱依舊，但內涵已經有所改變。軍事力量必須能確保本土安全，「本土與近海防禦」概念於是出現。

軍事戰略是建軍備戰的指針，中共既將作戰構想由「誘敵深入」轉變爲「本土與近海防禦」，大力發展海軍及二炮部隊顯然是理所當然。1970 年代以來，中共的國防預算幾乎有 20%用在海軍。1998 年大裁軍海軍只精簡 11.4%，第二炮兵更只有 2.9%，相對於空軍精簡 12.6%，陸軍 18.6%，中共軍備重心所在已經很明顯了。[13]

至於所謂「近海防禦」是相對於「近岸防禦」而言。「近海」的範圍，北起海參威，南至麻六甲海峽，東迄第一島鏈；日本、台灣、菲律賓及南海都包括在內。[14]

攻台可能模式

中共在軍事戰略強調的是「積極防禦」，但這並不表示不會發動先制攻擊；尤其在台灣問題上。因爲對中共而言，發動對台戰役並不是「武力犯台」，而是要確保領土完整的「武力保台」。1992 年，江澤民在中共「十四大」的政治報告中明確指出，今後軍隊的使命將是「維護祖國統一、領土完整，以及海洋權益」。就台灣的戰略地位而言，這三個目標都不容許台灣脫離中國單獨存在，或偏向支持對中共不友善的國家。

必要時，中共對台灣使用武力的決心無庸置疑。問題只是採取的方式而已。由於對台戰役上中共擁有主動權，因此可以選擇最有利的時間、最有利的方式在最有利的地點發動。這使解放軍參謀在擬定計劃時有的很大發揮空間，具有專業素養的戰略心靈可以充分發揮創意，中共攻台方式在很多方面可能是出人意料之的。

探討中共動武模式的論述很多，但參考中共原始資料最多、觀察最透測、分析最精闢的著作，是美國蘭德（RAND）公司在 2000 年出版的一份報告：《Patterns in China's Use of Force：Evidence from History and Doctrinal Writings － 中共動武方式：歷史與理論著作的證據》。[15]

該報告並沒有如一般慣例般，列舉一長串中共武力攻台可能方式加以分析，如：導彈飽和攻擊、海軍封鎖、三棲登陸、攻佔外島或以恫嚇性攻擊（Coercion）逼和等等。[16]事實上，這些作爲都涉及當時的狀況判斷、戰略構想、兵力部署、後勤補給、武器裝備、戰術戰法及各項限制因素等，必須非常專業的思維及足夠的情報分析，僅爲職業軍官，而且是參謀本部的業務參謀才能充分理解。列舉中共可能攻台方式並沒有實際的意義，除非是出於「欺敵」的考慮。作戰雙方爾虞我詐，擬定作戰計劃更是個互動過程，愈是敵方判定最可能的方式愈不可能採取，因爲對方已充分準備，何必違反「避實擊虛」的原則貿然攻擊。

況且，中共武力攻台時，如企求採取某單一方式即獲得成功，或寄希望於台灣將在恫嚇性攻擊下喪失鬥智而求和，那就是解放軍作戰參謀的嚴重失職。因爲萬一台灣並未屈服就缺乏下一步行動的計畫！此時反而騎虎難下。一個專業、理性且現實的作戰參謀思維應該是：台灣或許會在恫嚇性攻擊下屈服，但料敵從寬，必須假設「台灣不會」，所以繼續攻擊，甚至出動地面部隊佔領的計畫都要擬定。籌劃超過 50 年的作戰計畫已累積數代的智慧，應該有千錘百鍊的周密部署。

該報告探討中共建政 50 餘年對外作戰的歷史，並大量且廣泛的閱讀中共軍事理論方面的著作。首先認爲：

> 中共雖然自知身處相對弱勢，但仍然可能出兵對付美國或讓美國在遂行軍事干預時面對重大風險……中共在整體軍事力量處於劣勢時動武，主要是為了求取政治效果。最明顯的情況將與台灣有關。[17]

這很明確的指出，在目前狀態下，中共最可能動武的地方就是台灣，而且不會因爲美國的可能干預而不爲；甚至在發動攻台前，就已準備了在美國干預下的因應之道。

作者認爲，中共自知自己是較弱一方，因此非訴諸「不對稱戰略」（Asymmetric strategies）以對付美國，[18]使美國的優勢無法發揮。[19]作者判斷中共可能採取的模式：

> 中共將設法先造成「既成事實」，迫使美國在想恢復原有狀態時，必須升高緊張形勢與暴力程度。接著中共將利用世界輿論的壓力，也就是一般國家不希望見到有利的經濟關係遭到破壞的心理，以及美國國內輿論的壓力，以拘束美國的行動。[20]

如果這是中共攻台唯一可能成功的模式，那麼撇除解放軍對美軍的作爲不論（解放軍因應與美軍可能軍事衝突的作爲，將於下一章討論），對台灣的軍事行動顯然必須有如下的幾個特點：

（一）速戰速決。愈快速解決，愈不利於美軍的干預。
（二）必須徹底擊潰台灣的武裝力量，才能屈服台灣意志，否則給予美軍干預藉口。
（三）同時必須有地面部隊的實際佔領，才能造成「既成事實」。
（四）不至於使用大規模毀滅性武器（如核武），也儘量減少對台灣人民生命財產的傷害，否則無法獲得國際輿論的支持。

符合這些特點的軍事行動其實以呼之欲出。事實上，解放軍近年來在「攻台戰役」的研究上，已出現「首戰即決戰」，以及「最好別死人，要死死軍人」的論述。這符合「速戰速決」及「減少傷亡」的要求。國軍也認爲，台澎的防衛作戰有「預警短、縱深淺、決戰快」之特質。

解放軍要執行這樣的作戰構想，免不了有個大規模的空中攻擊，以精準武器摧毀國軍的海、陸、空基地，弱化國軍戰力。這表示第一波的攻勢極可能是大規模的飽和飛彈攻擊。也必然有個相當規模地面部隊的實際佔領，以摧毀國軍防衛意志，造成能迫使美國承認的「既成事實」。

美國國防部在 2000 年「中華人民共和國軍力報告」中判斷：中共如採取行動，將先行海上封鎖、空中轟炸以及飛彈攻擊。同時，空降作戰、特種行動等也同步展開，一方面攻佔戰略要地，一方面切斷補給線，同時設法把台灣一切爲二，使台灣陷於兩面作戰。蘭德公司 2000/11/18 發表的「可怕的海峽－兩岸對峙的軍事層面與美國的政策選擇」報告中也判斷：中共武力犯台的最後一個階段將是進行陸戰，對台可能發動兩棲登陸、傘兵和直昇機突擊。

這些判斷是否準確仍待驗証，是否有「欺敵」的考慮也不得而知。真正的軍事判斷必須有更專業的情報分析與不容犯錯的謹慎；而且，解放軍攻台戰役計劃極可能是隨著狀況的改變而變動不居。

判斷解放軍攻台戰役方式是國軍參謀本部情報軍官的職能，擬定防衛作戰計劃則是作戰參謀的業務。概略的攻台模式分析僅供參考。但評估威脅來源卻是戰略規劃及兵力整建的根本依據。作爲擬定中華民國國防政策的重要一環，對中共武裝力量的評估是迫切而不可或缺的。

建議記憶或理解的問題：

一、爲何中共真正的領導人是其中央軍委主席？
二、台灣當面的是中共哪一個軍區？轄哪幾省駐軍？轄艦隊爲何？
三、中央軍委幕僚組織的「四總部」爲何？
四、中共當前的軍事戰略爲何？
五、中共海軍「近海防禦」的「近海」範圍爲何？

建議思考的問題：

近年來因「中國威脅論」興起，解放軍研究成爲顯學，但結論通常差異很大。有人認爲解放軍裝備落伍不堪一擊；有人則認爲解放軍實力已逐漸超越國軍，甚至可威脅美軍。你認爲，結論差別那麼大的原因何在？你個人對解放軍實力的評估爲何？

【註解】

[1] 有關中共軍事組織，主要參考中共發布的《2000 年中國的國防》及有關報導；但細節部分則屬觀察與推測。譬如，國防部在中共軍事組織中扮演何種角色？《2000 年中國的國防》中的敘述是：「管理國防建設事業的部門」，但這說法是種刻意的模糊。事實上，中共是軍政軍令合一，一般國家國防部的功能，中央軍委可以完全取代。因此中共國防部除扮演對外接觸的白手套外，實際功能爲何？如何配合中央軍委運作？並不爲外界所悉。軍事事務除政府公佈外均屬機密，所有論述均屬揣測。解放軍一向保守，沒有「發言人」制度。除刻意安排外，軍人不接受採訪，因此有關報導均不易獲得證實。本章敘述盡量求多項來源以徵信實，但仍受此一因素限制。

[2] 依據中共行政區分，以下同。

[3] 陳東龍，《中共軍備現況》，台北：黎明文化，1999，頁 114。

[4] 有關解放軍海軍三大艦隊的任務範圍及轄區，請參閱：翟文中，《台灣生存與海權發展》，台北：麥田出版，1999，頁 27-30。

[5] 中華民國國防部《民國九十一年國防報告書》，第一篇「國際安全環境與軍事情勢」，電子化文獻：http://www.mnd.gov.tw

[6] 下文關於解放軍番號、駐地、任務及現況等資料，均從公開報導蒐集或合理判斷，因中共視爲軍事機密，無法獲得證實，僅供參考。

[7] 「華盛頓時報：中共上周再加強對台飛彈部署」，聯合新聞網摘自 2002 年 4 月 30 日 聯合報，http://www.udnnews.com/NEWS/FOCUSNEWS/TAIWAN-CHINA/801921.shtml

[8] 中華民國國防部《民國九十一年國防報告書》，第一篇「國

際安全環境與軍事情勢」。

[9] 「大陸半導體 正迅速趕上美國」，該篇報導引述美國紐約時報發自上海的報導。該報導強調，美國過去力圖阻止中國大陸高科技發展，但中國大陸仍迅速在先進半導體技術方面力圖趕上美國。聯合新聞網轉摘自 2002 年 5 月 7 日 聯合報。http://udnnews.com/NEWS/FOCUSNEWS/TAIWAN-CHINA/811218.shtml

[10] 香港商報「大參考」2002 年 4 月 28 日引述「東森新聞報」報導稱，2000 年 10 月，俄羅斯空軍出動蘇 27、米格 29、米格 31、蘇 35 及 An50 預警機，飛越中俄國界。中國空軍出動了蘇 27、殲 7、殲 8 乙及轟 6 等第一線作戰軍機起飛交鋒。在短短 45 分鐘的模擬空戰，結果大出中國方面所料，中國空軍引以自豪的蘇 27 竟然在第一波交手時就被擊落了 9 架，其中有 6 架是飛行員根本就在毫無預警的情況下就被俄羅斯的長程導彈「擊落」。根據美軍情報單位的說法，俄羅斯空軍在執行「深入支援攻擊」(DAS)、「敵方防空制壓(SEAD)」課目時，曾遭到中國空軍殲 7 與殲 8 乙的強烈反擊，但由於俄羅斯的電戰反制，中國戰機只擊落 3 架俄羅斯空軍的蘇 35 戰機。見「中俄空軍“技術交手” 45 分鐘解放軍“慘敗”」，中華網，2002 年 4 月 28 日。http://military.china.com/zh_cn/news/568/20020428/10252830.html。

[11] 甘棠「評析中共軍事戰略的積極防禦」，中國大陸季刊，第 342 期，1996 年 2 月 1 日，頁 78。

[12] 這是當時中共領導人鄧小平的觀點。這個對未來戰爭的想定是中共擬定軍事戰略的重要依據。見《鄧小平文選（第二卷)》，北京：人民出版社，頁 74。

[13] 有關中共 98 大裁軍及國防政策的內容，可參考「中國軍事新觀察」網站：http://go2.163.com/xinguancha/wendang/zhence.htm。

[14] 中共所謂「近岸」與「近海」的定義其實眾說紛紜。此一

概念初起於劉華清任海軍司令員時所指示:「海軍應有效控制太平洋第一島鏈內的水域」;這是從區域概念界定。但據解放軍軍語,「近海」是從海岸線延伸 200 海浬內的水域;這是以量化方式界定。但也有另一種說法,「近岸」指陸基岸炮能有效支援的水域,「近海」是陸基海航兵力可支援的海域;這是從武器系統運用的概念界定。目前解放軍陸基海航兵力的確可涵蓋 200 海浬海域;但岸炮支援概念已落伍,如果以陸基攻艦飛彈而論,海鷹四號(HY-4,外銷型 C-201)射程長達 150 海浬。至於第一島鏈是指:阿留申群島、庫頁島、日本群島、台灣、菲律賓群島至大巽他群島。另外還有第二島鏈:小笠原群島、馬里亞納群島、關島至帛琉群島。

[15] 蘭德公司是受美國軍方關係密切的著名智庫;近年來發表許多關於中共及解放軍的著名報告,因分析精闢深具參考價值而受各界矚目。其網站網址爲:http://www.rand.org/。該報告的網頁是:http://www.rand.org/publications/MR/MR1160/,讀者可自行下載全文。

[16] 2002 年 4 月下旬,美國五角大廈完成一份「中國整體空間作戰」的研究報告,認爲北京可能採取恫嚇性攻擊以迫使台北上談判桌,而非以兩棲登陸攻擊奪取台灣。所謂「恫嚇性空間武力」是將資訊戰及武器系統整合,使用空間攻擊敵方戰略目標,迫使敵人屈服。聯合報,民國 91 年 4 月 27 日,第 13 版。

[17] Mark Burles and Abram N. Shulsky《Patterns in China's Use of Force:Evidence from History and Doctrinal Writings》,RAND,2000,p.73。http://www.rand.org/publications/MR/MR1160。

[18] 所謂「不對稱戰略」是指弱者利用打擊強者弱點的機會以獲得勝利的概念。有關「不對稱」的討論請閱讀下一章。

[19] Mark Burles and Abram N. Shulsky,Ibid,p.74。

[20] Ibid,pp.74 – 75。

第六章

中共的軍事事務革命

威脅評估（二）

本章從軍事事務革命的概念，探討中共人民解放軍的另一個面向。解放軍雖在近幾年大量引進先進武器，但對其232萬規模的大軍而言，數量仍然太少，大多數使用武器仍為3、40年的設計。如果從這個角度觀察解放軍，會得到解放軍嚴重落伍的結論。

解放軍進步之處，是在其軍事理論已有相當大突破。中共受波斯灣戰爭的衝擊，花了相當功夫尋求改革；並不尋求武器載台的快速更新，但尋求太空（中共稱為航天）科技及資訊（中共稱為信息）科技的突破。中共花費大量經費送載人太空船「神舟號」進入太空，但呼聲很高的航空母艦卻久不見動靜；顯見中共發展「制天權」、「制電磁權」的決心。

本章也對「不對稱作戰」的概念以及爭議頗大的「超限戰」予以評析。對瞭解人民解放軍對我國家安全的威脅而言，應有助益。

軍事事務革命的概念

中共如尋求武力犯台，除考慮台灣軍備外，還必須考慮美國因素。因為美國干預的可能性不能排除。無論美國採取戰略模糊或戰略清晰，中共只要有任何威脅台海安全的動作，合理判斷美國都會干預，只是兵力與方式無法事先確估。1996 年台海危機，美國就派出「獨立號」及「尼米茲號」兩個航母戰鬥群巡弋台灣附近以示決心。當時還是對中共相當友善的柯林頓總統主政。這表示，中共如對台動武，非要有把握在美國干預時能有效因應不可。

美軍為全世界最強大的武力。無論解放軍的現代化如何快速，在可預期的將來都毫無超越美軍的機會。但這並不表示在美軍干預時必然束手無策。中共近年來發展的軍事理論，如「點穴戰」、「信息戰」以及近年來極為熱門的「超限戰」等軍事領域的思維，都可以看出以美軍為假想敵的痕跡。這點美軍也心知肚明，將這些概念統稱為「不對稱作戰」[1]。這種以小博大，利用出其不意或前所未見的手段，攻擊對方弱點的戰法，是否能真正發揮作用還未可知，但中共軍事理論家在面對強大美軍，在明知不如的情況下仍企圖突破的努力必須重視。

解放軍實際在進行某種改革。這種改革並不如表象般明顯。中共雖更新了某些如 SU-27、SU-30、現代級驅逐艦、K 級潛艦等現代化武器載台，但數量太少。就解放軍 240 餘萬的規模而言，實如杯水車薪；大多數部隊仍使用六、七十年代的老舊裝備。所以當吾人看到解放軍某些部隊仍在使用米格 19 或明級潛艦等老舊不堪的武器系統時，很容易低估人民解放軍的真正潛力。

美軍軍官石明楷（Mark A. Stokes）研究解放軍現代化現象，認爲傳統對人民解放軍現代化的研究多從分析兵力著手；注重戰車、飛機、船艦等武器載台與士兵戰技。因此常獲致人民解放軍非常落伍，在未來的 15 到 20 年間都不會對區域內任何強國構成威脅的結論。但是這種分析方法忽略了人民解放軍現代化中「戰略」的現代化。[2]他發現，中共正集中心力發展戰略準則與系統，以建立瞄準敵人戰略與作戰重心（center of gravity）同時又有效防衛自己戰略與作戰重心的能力，希望能以不對稱的節約兵力追求有限度的政治目標。

本章探討中共在軍事現代化的努力，以瞭解解放軍真正的實力。與前一章不同，這是從另一個面向觀察解放軍。使用的概念架構，即爲「軍事事務革命」（Revolution in Military Affairs，RMA）。

「軍事事務革命」到目前爲止已成爲一個軍事或戰略領域的重要概念，是評估一個國家軍隊是否能遂行現代戰爭的重要依據。事實上，這個在近幾年才出現的名詞，實際的變革在廿年前就已經靜悄悄的開始。美軍 1991 年波斯灣戰爭中以死亡人數 148 名，其中還有 17%是死於友軍誤擊（Friendly fire）的代價，擊敗號稱擁有百萬大軍的伊拉克，獲得全勝。[3]戰果之輝煌，不僅出乎世人之意料，也遠超過美軍自己戰前的預期。這不啻向世人宣告：美軍接納越戰失敗教訓後所進行的軍事改革已經取得重大的成果。而且改革的深度及廣度，已經改變戰爭型態成爲突破性的「軍事革命」，不僅是局部的修正與改革而已。

這一波軍事革命的本質，不在於武器的發展與戰術戰法的變革，因此稱爲「軍事技術革命」（Military Technical Revolution）並不能完整表達其內涵；整體變革的基礎在於資訊時代所帶來生活方式的改變，以及爲因應這些變化使戰場逐漸數位化的現實。「如何掌握戰場」成爲這一波革命的重心，軍隊必須調整的不僅是武器裝備、戰術、編組、準則……甚至包括生活方式與思維型態。稱爲「軍事事務革命」確實較爲適當。[4]

事實上，波斯灣戰爭的戰果並不表示美軍進行中「軍事事務革命」已經達到滿足點，只是說明這種軍事革命的方向及必要性。十年來美軍仍投入大筆經費來深化改革，也出現更多理論性的著作來探討這種變革對軍隊傳統的衝擊與應變之道。討論的主題不僅包括戰場控制、電子人工智慧、戰術網際網路……等技術性問題，還包括決策模式、軍事管理系統……等管理學領域，甚至還包括對「戰爭本質」的哲學性討論。

這種持續性的發展是理所當然的。電腦化與網路化對廿世紀末人類社會的衝擊仍然方興未艾，戰場數位化的程度當然也並未到達滿足點。這表示美軍在波斯灣戰爭中的表現只說明「軍事事務革命」的方向及必要性，這一波「軍事事務革命」仍有相當大的發展空間。如此美軍的數位化就至多是「軍事事務革命」的典型而並非標準答案。人民解放軍就不必依循美軍路線，可以走自己的「有中國特色的建軍之路」。

事實上，中共認爲在高科技的競賽中，「各國軍隊站在同一起跑線上」。中共對「軍事事務革命」有自己獨特的理論，與美軍經驗並不完全相同，更重要的是，近十年的發展已經有了相當成果。

【競爭者】

美國的學者認爲，要瞭解軍事事務革命的範圍及可能造成的影響，首需判斷未來的可能「競爭者」。這些競爭者的威脅及其弱點對美國運用軍事事務革命的方式產生明顯的影響。（很有意思，他們用「競爭者」的概念，而不是用「假想敵」）

關於「競爭者」，他們認爲：無論是建構及評估未來競爭者的本質、兵力結構以及作戰方式，均非嚴謹的科學。正確評估哪些國家將在 25 年內成爲美國的競爭者固然不易。惟仍有可能想像出哪個國家或哪些國家將相互結合，以挑戰美國的國家安全利益。若認爲美國在 25 年不可能遭遇競爭對手，將是對歷史的無知。

美國耶魯大學的布瑞肯博士（Dr. Paul Bracken）所著《下一代軍事之後》（The Military After Next）乙文中，將可能競爭者的特徵區分爲 A、B、C 三型。A 型爲「趨勢競爭者」（peer competitor），該類型競爭者之各方面軍事能力均能與美國進行全球性角力。B 型爲「區域性競爭者」（ regional competitor），可以憑其有限戰力，在特定區域內與美國競爭。C 型爲「特定戰力競爭者」（niche competitor），該類競爭者專注發展某項特定戰力，並可能在該作戰領域內與美軍抗衡。C 型競爭者並非國家安全的競爭者，而是政治的競爭者。可能是恐怖份子、大毒梟或低強度衝突的國家。

美國哈佛大學的羅森博士（Dr. Stephen Rosen）則將世界劃爲「和平區」（Zoon of Peace）及「混亂區」（Zoon of Turmoil），以爲討論未來競爭者的框架。羅森博士將工業化之民主強權歸入「和平區」，其他歸於「混亂區」。他認爲最有可能的衝突爲「混亂區」之國家間。或「混亂區」與「和平區」之間。「和平區」國家之間發生戰爭的可性不高。

中共軍事事務革命的限制

中共軍事事務革命所受到的主要限制有二，一個是資源的限制，另一個是技術的限制。

就資源的限制而言，雖然一般對中共的軍事威脅心懷疑懼，但中共卻相當克制。因爲中共認爲蘇聯之所以經濟崩潰，就是因爲陷入軍備競賽的螺旋中，耗費太多的國家資源。甚至懷疑美國鷹派人士企圖施加壓力，誘使中共也陷入軍備競賽的「陷阱」。[5]因此並不願意投入太多的國防經費。從民國 91 年版《國防報告書》表列的中共國防經費即可看出，在國防支出上相當克制（附表 6-1）。[6]這也因而限制了中共軍事事務革命必須選擇性發展，不可能像美軍全方位進展。有關中共之國防預算，雖然外界多認爲隱藏性預算太多，過於低估；譬如美國聯邦武器管制及裁軍總署預估，中共 2002 年實際國防經費約在 4,980 億元人民幣以上，爲中共正式公布的三至四倍左右。[7]但比起美軍超過 3,300 億美金的預算遠遠不如；對支持 232 萬規模大軍的現代化也嫌不夠。這也是大多數解放軍仍使用 60、70 年代武器的原因。

附表 6-1 【中共歷年公布之國防預算】

年別	一九九三	一九九四	一九九五	一九九六	一九九七	一九九八	一九九九	二000	二00一	二00二
總額（人民幣億元）	四三二・四八	五五0・六二	六三六・七二	七二0・0六	八一二・五七	九三四・七二	一0七六・七0	一一九七・九六	一四一一・五六	一六六0・00
折合美金（億元）	七四・五七	六三・三0	七五・八一	八五・七二	九八・0一	一一二・0一	一二八・九八	一四四・六八	一七0・四九	二00・二四
年增率（%）	一四・四四	二七・三二	一五・六四	一三・0八	一二・八四	一五・0三	一五・一九	一一・二七	一七・八三	一七・六0
佔財政收支比（%）	八・六八	九・四六	九・三五	九・一0	八・八0	八・六六	八・二0	七・五四	七・四九	七・八六
佔總生產毛額比（%）	一・二三	一・二六	一・一0	一・0六	一・0九	一・一七	一・三一	一・三四	一・四七	一・六二

資料來源：《中華民國九十一年國防報告書》第一篇「國際安全環境與軍事情勢」

中共軍事事務革命的另一個限制是科技能力不夠。中共自建政以來，雖然在蘇聯專家的指導下重工業上有些許成就，某些全力投入之科技領域如核子及太空也有進展；但整體而言，尤其在現代科技的基礎：微電子及光學領域落後先進國家甚遠。電子產業成本極高，必須靠廣大市場的銷售量來降低成本。中共以往集中資金發展少數樣品的科研模式在電子領域失效。但近年來中共急起直追，大力支持電子產業，硬體產能逐漸佔有世界市場的一席之地。但僅限於代工或低階產品。然而經濟的快速發展使大量人才回國，政府又極爲重視與鼓勵。如果獲得突破，將使中共科技能力大幅躍昇，只是短期內還不容易。

【中共的 863 計劃】

1986 年 3 月，四位中共科學家：王大珩、王淦昌、楊家樨、陳芳允上書中共中央，提出了「關於跟蹤世界戰略性高技術發展」的建議。這有點仿效 1940 年愛因斯坦就原子彈問題上書美國總統羅斯福的做法，同樣受到鄧小平的重視，批示：「這個建議十分重要」、「此事宜速作決斷，不可拖延」。於是中共國務院組織 200 多位專家制定了「高技術發展計畫綱要」，也就是「863 計劃」。這個包括 太空、激光、自動化、生物科技、信息系統、能源、新材料等 7 個高技術領域的科研計畫就在該年 10 月被政治局擴大會議批准後正式實施。

1996 年 4 月，中共特別舉辦「863 計劃 10 年成果展覽」，說明了「863 計劃 」對中共的高科技發展確實有很大貢獻。

中共軍事事務革命的理論

雖然在1980年代，中共即追求「國防現代化」；但是當時現代化的努力不過強調武器裝備的更新，缺乏改革的理論依據。與1990年後軍事革命的本質大不相同。1990年代開始，中共才真正進行「軍事事務革命」。

波斯灣戰爭震撼

刺激中共進行軍事事務革命的關鍵是美軍在波斯灣戰爭中出人意料之外的表現。受到震撼的中共在戰後特別派遣專業人員赴伊拉克及科威特作實地考察，企圖了解戰爭的真相及因應之道。該考察團返國後提出報告，認爲波灣戰爭的經驗顯示軍隊建設的發展趨勢有下列幾點：[8]

1. 武器裝備高技術化
2. 組織結構合成化
3. 通信控制指揮自動化
4. 軍事人員知識化
5. 編制體制精幹化
6. 決策科學化

他們並進一步提出以下的建議：

1. 現代條件下，武器裝備的質量優勢對奪取軍事優勢的作用增大，不斷改善武器裝備是質量建軍的突出問題。

2. 人在戰爭中的決定作用主要取決於官兵素質，必須努力提高官兵素質，放在質量建軍的重要位置。
3. 軍隊的結構制約著軍隊的整體功能，應把進一步完善軍隊的編制體制，作為質量建軍的基本措施。
4. 進行現代戰爭需要先進的作戰理論作指導，應將創造現代條件下諸兵種聯合作戰的理論，作為質量建軍的重要方面。[9]

這是一個重大的思想衝擊與突破，我們注意到他們完全不強調意識型態，終結了中共長期以來「紅」「專」孰重的問題，為人民解放軍的「軍事事務革命」開展了重要的一步。

戰略方針改變

中共會展開「軍事事務革命」的另一個關鍵是戰略環境的改變。

1949 年到 1970 年代末期，此時中共的假想敵先後為美國及蘇聯。由於在軍事科技及事務上嚴重落後，迫使其不得不運用深遠的戰略縱深與人口眾多的優勢壓迫對方。中共的軍事戰略完全依據毛澤東「人民戰爭」理論。基本概念就是以持久的消耗戰驅逐或殲滅進犯的敵人，憑藉廣大的土地、人口，結合正規與非正規部隊，重挫佔有技術及火力優勢的敵軍之銳氣，讓寡不敵眾、深入大陸內地的來犯敵軍彈盡援絕，最後悉數殲滅。[10]

1978 年後，中共與美國展開交往，假想敵明確定位爲蘇聯。認爲蘇軍一旦越邊攻擊，將採取沿邊界佔領東北工業重鎮，而不是全面佔領中國領土的策略。如此「人民戰爭」戰略將難以發揮。加上此時人民解放軍的現代化已經有相當成就，核子武器的發展也有一定成果，有能力運用現代武器與現代技術遂行傳統或核子的現代戰爭；於是軍事戰略修訂爲「現代條件下的人民戰爭」。希望在無須自動棄守重要經濟與工業中心的情況下就能阻止蘇聯或其他潛在對手的非全面性入侵。[11]

到了 1985 年，中共終於決心放棄與前蘇聯進行「早打、大打、打核戰爭」的構想，置焦點於準備迎接一場「局部」戰爭。這是一個相當大的轉變，「現代條件」與「局部戰爭」的概念初步結合。

1991 年後，中共的戰略環境有了更大幅度的轉變。對內而言，波斯灣戰爭美軍不可思議的戰果使中共深受震撼，領導人終於認清高技術已成爲戰爭勝負的主要關鍵。對外而言，蘇聯崩解，傳統的假想敵消失，中共必須尋求新的戰略方向以確定建軍目標。1993 年，中共召開軍委擴大會議，決心重新調整軍事戰略方針：

軍事鬥爭準備的基點放在打贏現代技術特別是高技術條件下的局部戰爭上來。

建軍目標就成爲：

以毛澤東思想與鄧小平新時期軍隊建設思想為指導，並以打贏高技術條件下的局部戰爭為主要目標。[12]

這不僅對解放軍軍事戰略發展產生重大影響，甚至對解放軍內部文化都影響深遠。這表示中共開始重視技術及專業，意識型態可以先擺在一邊。

發展高新技術的認知與內涵

中共既判斷未來戰爭是「局部戰爭」，而「高技術」將是決定戰爭勝負的關鍵，就須先界定「高技術」的概念。在改革初期所提出的四種趨勢是：[13]

1. 快速反應性能
2. 武器裝備的可靠性
3. 武器裝備對戰場環境的適應能力
4. 多樣性

這些概念基本上是參酌先進國家軍隊發展的經驗，以尋求常規武器現代化爲觀點。雖然相當平實，但是解放軍的規模太龐大，與先進國家軍隊的差距也太大，如果循此經驗發展，需要相當龐大的軍事預算。中共沒有這種能力，也不想因此妨礙經濟發展，所以必須尋求其他方面的突破。

經過兩年多的醞釀，1993 年，人民解放軍隊對所謂高技術戰爭有了新的定義：

具有現代生產條件技術水平武器系統與相適應作戰方

法，在作戰目的、目標、戰鬥力、空間、時間等方面均有所限制的高技術作戰體系間的武裝對抗。[14]

在這個高技術的作戰體系中，中共沒有能力像西方國家一樣全面性發展，必須將有限財、物力用在刀口上。因此發展所謂「關鍵性軍用高技術」，以達到突破後能啓「牽一髮而動全身的效果」。具體來說包括：[15]

1. 以電子計算機為核心的微電子技術、軟件技術與信息技術。

2. 以戰場監視、目標探測為中心的偵查與傳感技術。

3. 以傳輸信號、圖像、信息為目的通信技術。

分析這些「關鍵性軍用高技術」的主要內涵，其實與美軍所謂「戰場管理」的概念相符，包括：指揮、管制、通訊、電腦、情報、偵查及監視（C^4ISR）等要項。注意重點已經不再是以往關注的武器裝備上。

中共認爲，在高科技的競賽中，各國軍隊站在同一起跑線上。因此與其耗費太大的資金與人、物力在落後甚多的常規武器上苦苦追趕，不如直接在同一起跑線上的高科技上努力。這種理念很自然的使中共的軍事發展以「蛙躍式」（leap frogging）的方式前進[16]。人民解放軍在發展高新技術的建軍之路上，並未將重點放在制海或制空武器的獲得上，而是企圖跨越這一階段直接尋求「關鍵性軍用高技術」的發展。中共發展將龐大資金投入「神舟號」太空船及「北斗導航衛星」系統，呼聲很高的航空母艦卻一直沒有動靜，就是最明顯的例子。

新理論的出現

1990 年代以後，中共許多軍事理論家出現，提出相當多理論以尋求突破。其中最重要的一個是「超限戰」另一個則是「信息戰」。

一、超限戰

「超限戰」理論雖然是解放軍軍官所提出，但並非代表中共官方的理論著作。從出版者「解放軍文藝出版社」，而非一貫出版理論性著作的「軍事科學院出版社」、「國防大學出版社」或「解放軍出版社」即理解該書的最初定位。但該書自 1999 年二月出版到 2000 年六月，共發行七萬冊。超過一百廿位人民解放軍將領向作者索取該書，空軍一位副司令還要求所有空軍軍以上幹部都要閱讀該書。因此「超限戰」的概念縱不是官方觀點，但仍衝擊解放軍軍官思維。美國國防部因此將該書翻譯成英文，西點軍校甚至列爲規定之課外讀物。

「超限戰」基本上只是一個概念，作者將之定義爲：

超越一切界限並且符合勝率要求地去組合戰爭。

他們主張在戰爭時所採用的手段，不受任何「規則」、「定律」甚至是「禁忌」的限制，所以作者提出「廣義武器觀」。認爲：

所有超出軍事領域，但仍能運用於戰爭行動的手段都看做是武器，包括一次人為的股災、一次電腦病毒的侵入、一次使敵國匯率的異動，或是一次在互聯網上抖落敵國首腦的緋聞、醜聞。[17]

這種攻擊的基礎奠定在當代的「全球化趨勢」，安全邊界已擴展到政治、經濟、資源、民族、宗教、文化、網路、地緣、環境及外太空等多重疆域。因此在軍事與非軍事手段相互配合下所發動的攻擊，足以影響敵國國家安全不同的層面疆域。[18]

其實「超限戰」理論真正的重點，並非以上所討論不受限制的攻擊「型態」，而是在對戰爭概念的重新界定。

傳統上，軍事學者都接受克勞塞維茲（Carl Maria Von Clausewitz）對戰爭的定義：

「戰爭是一種強迫敵人遵從我方意志的武力行動」(War is thus an act of force to compel our enemy to do our will)。[19]

克勞塞維茲注意到，戰爭的本質是雙方「意志的衝突」。在這個定義之下，戰爭起於武力衝突，而結束於某一方的意志屈服。而屈服敵人意志最有效的方法，就是「殲滅敵人有生戰力」。這不僅是西方軍事理論的精髓，也是毛澤東十大軍事原則的重點。[20]

「超限戰」所主張對「敵國國家安全不同層面疆域」的攻擊，在屈服敵人意志上顯然沒有傳統戰爭「殲滅敵有生戰力」來得有效。敵人雖感到痛苦與困惑，但只要戰力仍在，並不見得屈服，戰爭也並未結束。因此作者將「戰爭」的概念重新定義，否定克勞塞維茲的「強迫敵人遵從我方意志」，而是：

用一切手段，包括武力與非武力、軍事與非軍事、殺傷與非殺傷的手段，強迫對方滿足自己的利益。

這是軍事領域上一個突破。這表示在戰爭時將明示一個有限的目標，讓敵人在我方攻擊造成的痛苦中選擇：

是滿足我方的有限目標，以解除戰爭痛苦？還是要接受更多的犧牲，冒更大的危險，爭取全面的勝利？

戰爭手段將與政治、外交結合，戰爭進行中仍有討價還價的交涉空間。而不像兩次世界大戰、波斯灣戰爭……一旦開打就成爲你死我活的零和遊戲。

作者提出這一理論的背景值得探究。本書的副標題是《對全球化時代戰爭與戰法的想定》，這說明「超限戰」戰法的針對性，對全球化程度愈高的國家將愈有效益可言。美國是全球化時代的領導者，也是全球化程度最高的國家。與其說作者是在全球化趨勢下思考一個因應時代的戰法，不如說是在全球化趨勢下尋求一個擊敗美國的機會。設想與美國發生軍事衝突時，在難以殲滅或擊潰其武裝部隊的情況下，那麼就用一切可使用的手段，對美國的經濟、金融、環境、網路……等領域，在軍事行動的配合下發動攻擊，打一場「武力戰與非武力戰混合的雞尾酒式的廣義戰爭」。不是要擊敗美軍，只是要迫使美國在考量自身損失的情況下承認中共的利益而已。

無論這種戰法實際上是否具有可行性（仍有待驗證），至少理論上指出了一個戰勝美國的可能途徑。雖然直至目前爲止，解放軍智庫並不承認「超限戰」爲解放軍行動準則（這或許與超限戰不排除恐怖攻擊有關。911 事件後，中共不願與任何的恐怖行動牽連，以免成爲過街老鼠），但解放軍軍官閱讀者如此之多，對其「軍事事務革命」應有相當程度的影響。美國最近的一份研究報告也指出：解放軍已開始調整軍事行動理論，從殲滅戰走向「脅迫性攻擊」。一是可以用最小的代價達到政治目的，對政治領導人有說服力。二是中國在科技和技術方面的進展使得北京有機會對臺灣採用脅迫性攻擊。[21]

二、信息戰

「信息戰」則是中共官方不斷宣導的軍事理論。所謂「信息」，就是 Information 的大陸翻譯詞彙，台灣翻譯慣用詞是「資訊」。所謂「信息戰」其實就是美軍與國軍不斷強調的「資訊戰」。中共「信息戰」理論有相當多部分是來自美軍「資訊戰」概念，也就是所謂的「外軍經驗」。同樣強調「數位化部隊」及「資訊化戰場」；與美軍「軍事事務革命」的方向基本相同。但因解放軍的規模太大，國防經費也太少，傳統武器裝備普遍太落伍，所以就不得不奠基在「中國特色」上重點發展出某些比較特殊的理論。

中共認爲，未來戰爭的型態是信息化戰爭。獲取信息是戰爭的第一要素，控制信息是戰爭的第一制高點。而「衛星」在信息的獲取、傳輸、控制與使用中佔據重要地位，是主要的信息化作戰平台，未來戰爭將是以天制地，誰掌握空間優勢就掌握主動權。[22]因此「信息戰」與「空間技術」就成為中共瞄準未來高技術局部戰爭，走「有中國特色的精兵之路」，也就是中共軍事事務革命的主要內容。

中共「信息戰」概念與美軍「資訊戰」一樣，都是由「電子戰」發展、成熟所孕育而生。但是中共進一步將之與現代網際網路的概念相結合。成為一種特殊的作戰形式：

> 未來戰爭，傳統的時空觀與戰場觀將被打破，戰場空間將被立體分布、縱橫交錯的信息網絡所籠罩，在有形與無形相結合的信息空間中，信息作戰成為首要的作戰形式。主要有：作戰保密、軍事欺騙、心理戰、電子戰、計算機作戰、實體摧毀等六種形式，本質上，都是對信息或信息系統的攻擊破壞。其中作戰保密、軍事欺騙、心理戰自古以來一直運用於戰爭，但在現代戰爭中，只有與電子戰、網絡戰融合，它們才能顯現活力、煥發青春。因而，信息作戰的實施將主要依賴電子戰和網絡戰運用，網電一體戰構成信息作戰的主要表現形式。

此一概念已經將以往零散的「信息戰」、「點穴戰」、「網絡戰」、「電子戰」、「制電磁權」等概念整合，成為中共軍事事務革命的主要內容。

中共軍事事務革命的實際作為

中共的軍事事務革命並非只在理論層面發展，已經相當程度落實在實際發展上。以下檢視中共在軍事事務命上的實際作爲。

太空科技的發展

中共「太空科技」的術語是「空間技術」。這方面中共已經有相當大的成就。依據中共「民用航空航天白皮書」的說法，完整的「空間技術」應包括三個層次：

（一）空間技術，包括人造地球衛星、運載火箭、航天器發射場、航天測控、載人航天。

（二）空間運用，包括衛星遙感、衛星通信、衛星導航定位。

（三）空間科學。

中共軍事理論家從波灣戰爭的研究中，理解「衛星」這種「軍用航天器」作爲偵察與通信平台的重要性。認爲是軍隊聯合作戰行動中關鍵的、必不可少的因素[23]。這觀點基本上與美軍相同，但中共進一步認爲：

廿世紀兩次的軍事革命，分別是以爭取制海權與制空權為主要內容；而廿一世紀所面臨的將是在外太空以衛星監控技術引導下，以爭奪低層空間（制空權）和淺層海域（制海權），繼而是深層海域和外太空為主要內容的更為深刻的軍事革命。[24]

這表示解放軍未來將以爭奪「制天權」爲發展基礎，這種前瞻性的觀點拉高了空間技術的戰略高度。

中共航天事業雖強調「民用」，其實是採取軍民分途的策略。

軍事部門：發射及控制由總裝備部負責、衛星情報由總參謀第三部分析研判、（外國）衛星監測則交給總後勤第三部。

民用部門：由國防科學工業技術委員會的國家航天局負責指導。2000 年 7 月，爲配合市場經濟的運作，將部級的中國航天工業總公司拆解成立「中國航天科技集團公司」、「中國航太機電集團公司」等企業作爲對外的白手套。

中共將航天事業由民間發展可獲得如下的好處：

（一）減少軍事預算支出

衛星發展不列入軍事預算，軍事預算就不至於顯得鉅大而引起國際關切。同時可從國際商業發射服務中獲得報酬，作爲其進一步研發的經費。

（二）可以從先進國家獲得科技或裝備

以「民用」名義可躲避監督與限制。譬如天安門事件後，美國國會通過限制中共軍售之制裁法案（Public Law 101-24

6)，清單中包括美國的衛星，但民用裝備不在此限。中共即以「民用」的理由爭取輸入。依據美國國家統計局統計，1990 到 1997 年美國政府與民間獲得輸出許可的軍需裝備輸出金額共 3 億 5 千萬美元，主要輸出品類即為美國衛星發射裝備。[25]不過所謂「民用」或「商用」衛星其實都不能排除軍事意涵，中共也是以此一理由反對法國售我「中華二號」科研衛星。1998 年 5 月 11 日印度核子試爆後不久，美國爆發羅拉太空及通訊公司（Loral Space and Communications ）及休斯電子（Hughs Electronics）違反輸出管制規定之醜聞。美國眾院於 1998 年 5 月 20 日以壓倒性多數通過禁止衛星科技與發射裝備售予中共。同時阻止其國內商業衛星交由中共發射，中共曾對此相當抱怨。[26]

雖然在 1994 到 1996 年曾經遭到三次的發射失敗，中共的太空科技仍取得相當大的成就。統計至 2000 年底止，長征系列運載火箭已進行 64 次發射，成功率超過 90%。送 48 枚中共衛星、27 枚外國衛星上太空。平均三年發射五枚，但從 2001 年起的「十五計劃」期間，卻準備發射卅多枚，平均一年超過六枚。這些太空科技的成就，尤其以「神舟號」太空船與「北斗導航實驗衛星」最受人矚目。

中共發展「神舟號」的目的何在？「民用航空航天白皮書」中並沒有清楚的說明。不過，如果預判未來「太空中的戰爭」不可避免，那麼發展「載人太空船」作為爭奪太空邊疆的工具是非常合理的方向。這也可以看出中共在此一領域中的強烈企圖心。

另一個顯示強烈企圖心的是「北斗導航實驗衛星」的發

射。美國 GPS 系統並不排斥中國大陸地區的使用者。如果擔心武裝衝突而遭美國對中國大陸地區關閉該系統，中共仍可以與俄羅斯的 GLONASS 導航衛星系統合作，只發展地面接收器技術即可。但中共不循此途，耗費大筆資金建立自己的導航衛星系統，充分顯示其追求獨立自主，與美國、俄羅斯鼎足而三的強烈企圖。

【神舟號太空船】

中共稱爲「神舟號載人飛船」，是其發展太空科技的標竿。

所謂「載人飛船」是一種乘載人員較少（3 人以下），在太空做短期（十幾天以內）運行，然後返回地面的一次性使用的航太器。由軌道艙、返回艙和推進艙組成。

軌道艙是飛船進入軌道後航太員工作、生活的場所。艙內除備有食物、飲水等生活裝置外，還有進行空間實驗用的儀器設備。軌道艙外兩側裝有太陽電池翼，爲軌道艙供電。

返回艙前部呈球形，有艙門與軌道艙相通。返回艙是飛船的指揮控制中心，內設航太員的座椅。座椅前方是儀錶板，航太員透過儀錶監視、控制船上系統及其設備的工作。

推進艙又稱設備艙，呈截錐形或圓柱形，主要裝載飛船姿態控制與軌道控制用的推進系統、電源、環境控制和通信等設備，艙外裝有太陽電池翼，爲飛船供電。

神舟一號於 1999 年 11 月昇空，神舟二號 2001 年 1 月昇空，神舟三號 2002 年 1 月昇空。不過還沒有實際載人。

神舟號顯示中共爭取「制天權」的企圖心。名義上雖爲和平用途，但發展出來的太空技術卻不可能不用在軍事上。

在其它衛星偵蒐及資訊整合能力上，中共的努力也已爲西方重視，有學者判斷：中共軍事衛星已具備高解析度、雷達成相、情報訊號蒐集、巡航及通訊能力；雷達成相衛星可以穿透雲層，充分提供海軍於海上編隊及部署訊息。在廿一世紀初將有整合偵察衛星、導航衛星與預警機資訊的能力。[27]

「攻」「守」分離的發展趨勢

隨著對戰爭認知與作戰方式的改變，戰術及戰法都必須修正。直接的表徵就是部隊編裝與準則的修訂，這是軍事事務革命的重要一環。只不過這方面人民解放軍以機密視之，甚少公開討論，只能見其梗概。

基本問題仍是對未來戰爭的認知。現代戰爭「速戰速決」的特性已是眾人所公認，無庸置疑。而速戰速決的特性，限制了綜合國力的發揮，戰役決戰往往就是戰略決戰。[28]所以必須依靠動員以發揮綜合國力的「人民戰爭」只有出局。雖然如此，中共軍事體制內仍有一些人或團體認爲應保存「人民戰爭」的理論。這批人並非如西方學者所稱反對人民解放軍接納「高技術條件下的局部戰爭」的戰略思想，[29]而是認爲兩者應修正結合，相輔相成。他們提出「高技術人民戰爭」的概念，結合高技術條件下的局部戰爭，認爲：人民戰爭是我們高技術條件下的局部戰爭中克敵制勝的法寶。[30]爲了解決「局部戰爭」與「人民戰爭」本質上的衝突，他們提出了八個指導原則：

1. 威加於敵，不戰而勝。
2. 充分準備，確保打贏。
3. 力爭速勝，退而持久。
4. 避其銳氣，保存實力。
5. 奪取主動，信息為先。
6. 攻擊要害，遠戰殺敵。
7. 以劣勝優，不對等作戰。
8. 發揮優勢，整體作戰。[31]

值得注意的是第三點，他們的說明如下：

> 對於弱小之敵，要堅決速勝；對勢均之敵，要立足速勝；對於巨大之敵，也要力爭速勝。但是，當與強敵作戰不能速勝時，要退而持久，用持久戰的辦法消耗削弱敵人，逐步轉換戰局，最終戰而勝之。[32]

這是將「局部戰爭」與「人民戰爭」結合的關鍵。以高技術局部戰爭的概念爭取速戰速決，但是戰況不利時，則轉變爲人民戰爭，改採持久作戰以立於不敗之地。

兩種不同的戰爭理論既然要並行不悖的同時存在，也就表示準備打這兩種不同型態戰爭的部隊要同時存在。一種準備打「高技術的局部戰爭」，另一種準備打「高技術人民戰爭」。前者要有可迅速因應週邊軍事危機的能力。是編組爲「快速反應部隊的專業精英」。武器裝備、戰術戰法大致以美軍爲藍本。後者則是應付反侵略戰爭，仍保留著解放軍結合民眾的傳統。這兩種部隊在武器裝備上或許有先進與否的區別，但同樣都需要信息化，也同樣要用到衛星作爲偵察與通信平台。換言之，在中共所謂高技術的層次，兩者並不衝突。

至於傳統武器裝備普遍老舊的問題，在無力花費太大資金予以全面更新下，解放軍採取的方式是：

> 在高技術戰場上，老式的普通武器也能發揮作用找到對抗優勢裝備的方法。關鍵是要用高技術嫁接老裝備，用高人一籌的謀略，科學的編組自己的力量，改變和破壞敵人發揮優勢的條件，揚長避短，出其不意地打擊敵人，戰而勝之。[33]

所以在演習場上可以看到：六、七十年代的老炮加裝數位化的雷達聯網及火控系統。這種「土法煉鋼」的改進在演習時或許能有所表現，實際作戰時能否經的起考驗，就必須靠實戰驗證了。

從 1993 年起，解放軍開始了一連串的軍事事務革命。中共的軍事理論家依據美軍經驗，認爲改革部隊編制從原有結構過渡到全新的結構，約需 20 年以上的時間。[34]如果這確實是一個可信的經驗數據，由於中共慣於採蛙躍式改革，加上近年來中共資訊產業的飛躍成長；人民解放軍或許有機會在 5 到 10 年間完成結構性的軍事事務革命。斯時是否有能力因應美軍在攻台戰役時的干預？或者建立反制美軍干預的信心？都會成爲決定其是否發動攻台戰役的關鍵。這是我們評估中共的武力威脅，並以之規劃戰略及兵力整建時，不能忽略的因素。

建議記憶或理解的問題：

一、當代軍事革命爲何稱爲「軍事事務革命」？
二、中共所謂「超限戰」的定義爲何？
三、中共所謂「信息戰」的要旨爲何？
四、解放軍爭奪「制天權」的理論基礎爲何？

建議思考的問題：

中共軍事發展重心擺在空間技術及信息技術上，卻沒有全面更新軍事硬體或武器載台。尙未建造航母、軍艦戰機雖更新卻數量有限。相對而言，國軍近五年間全面更新了海、空軍的武器載台，但近兩年才開始著手資訊戰與電子戰；你認爲中共先軟體再硬體的發展方式，與國軍先硬體再軟體的方式，何者較優？

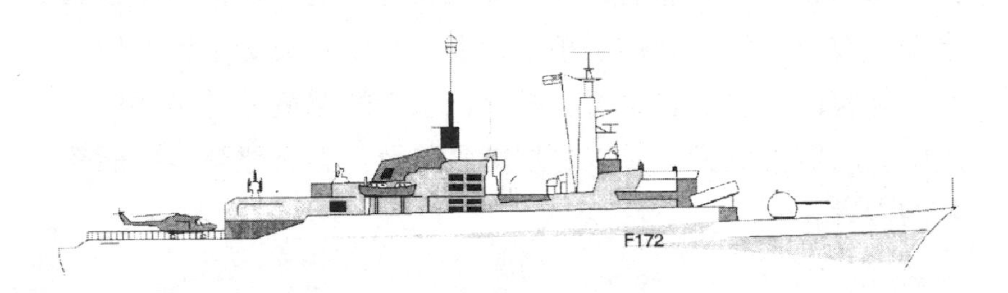

【註解】

[1] 美軍對「不對稱作戰」的定義為：處於不對稱狀況下的敵人，運用弱勢戰術或作戰力量去攻擊美國致命的弱點，瓦解美國意志獲致非相稱的效果，以達其戰略上之目標。Kenneth F. McKenzie, 《The Revenge of the Melians：Asymmetric Threats and the Next QDR 》，Washington D.C.：INSS NDU，2000，p.2。

[2] Mark A. Stokes《China's Strategic Modernization: Implications for the US》，Carlisle, PA： US Army War College, 1999，p.3。

[3] 友軍誤擊率的提高對高科技戰爭有特殊意義。有關美軍在波斯灣戰爭的友軍誤擊問題，見包威爾「友軍誤擊問題之探討」，《波斯灣戰爭譯文彙集【二】》台北：國防部史編局譯印，1993，頁 126。

[4] 美國國防部將之定義為：「新的科技結合作戰概念與組織的調整後，一起整合進軍事系統中，並根本地改變軍事作戰的特質與進行。」US Department of Defense 《Annual report to President and the Congress》Washington D.C.：Government Printing Office，1995，p.107。

[5] 王建民「美鷹派陽謀 借刀砍北京」，亞洲周刊，2001/4/30-2001/5/6 期，頁 38。

[6] 中華民國國防部《民國九十一年國防報告書》，「第一篇 國際安全環境與軍事情勢」，電子化文獻：http://www.mnd.gov.tw

[7] 同前註。

[8] 劉義昌、王文昌、王顯臣主編《海灣戰爭》，北京：軍事科學院出版社，1991，頁 209-214。

[9] 劉義昌、王文昌、王顯臣主編，前引書，頁 243-245。

[10] Mark Burles and Abram N. Shulsky 《Patterns in China's

Use of Force：Evidence from History and Doctrinal Writings》，RAND，2000，pp. 35-36。

[11] Ibid，p.41。

[12] 《中共年報 1995》台北：中共研究雜誌社，1995，頁 126。

[13] 楊立中、楊鈞錫、別義勛、樂俊淮《高技術戰略》北京：軍事科學出版社，1991，頁 561。

[14] 王普豐，《高技術戰爭》，北京：國防大學出版社，1993，頁 13。

[15] 同前註。

[16] 林中斌博士認爲，中國核武器的發展有四個戰略特點，第三個就是「跳躍式前進」。其實不僅核武器，中共整個武器的發展策略都採「跳躍式前進」策略。見《核霸》，台北：學生出版社，1997，頁 1、126、186。

[17] 喬良、王湘穗，《超限戰》，北京：解放軍文藝出版社，1999，頁 22。

[18] 同前註，頁 126。

[19] 克勞塞維茲《戰爭論全集》，鈕先鍾譯，台北：軍事譯粹社，1980，頁 110。

[20] 毛澤東十大軍事原則爲：1.先打分散和孤立之敵，後打集中和強大之敵。2.先取小城市和廣大鄉村，後取大城市。3.殲滅敵人有生力量主要目標，不以保守或奪取城市爲主要目標。4.每戰集中絕對優勢兵力，四面包圍敵人，力求全殲，5.不打無準備之仗，不打無把握之仗，力求有勝利把握。6.發揚勇敢戰鬥，不怕犧牲，不怕疲勞和連續作戰的作風。7.在運動中殲滅敵人，注重陣地攻擊戰術，奪取敵人據點和城市。8.在攻城問題上，守備薄弱堅決奪取；中等程度的守備相機奪取；強固的據點和城市，則等候條件成熟時然後奪取。9.我軍人力物力來源主要是在前線。10.善於利用兩個戰役之間的間隙，休息和整訓部隊。

[21] 「解放軍軍事行動理論從殲滅戰走向脅迫性攻擊」，中華

網，2002 年 4 月 28 日。http://military.china.com/zh_cn/moot/10003420/20020428/10252922.html

[22] 常顯奇，「天戰不是童話」，電子化文獻，原載於科技日報，2000 年 10 月 1 日，轉引自鼎盛軍事網：http://www.top81.com.cn/military/news/displaysdxx.asp?id=4201

[23] 任萱，《軍事航天技術》，北京：國防工業出版社。1999，頁 3。

[24] 同前註。

[25] 曾錦城，《下一場戰爭 － 中共國防現代化與軍事威脅》，台北：時英出版社，1999，頁 167-168。

[26] 「中國航天科技集團公司」副總經理胡有恆在 2000 年 11 月 11 日「珠海航展」接受記者訪問時表示：由於近兩年來，美國某些人的別有用心，中國在國際商業衛星發射服務市場上遇到一些阻礙。他認爲：商業衛星發射是市場行爲，任何人都應遵守市場原則。引自中華網 http://military.china.com/zh_tw/dljl/10/calendar/1532/20001112/23136.html。不過在 2000 年 11 月 21 日，中共外交部承諾不再輸出長程彈道導彈技術後，美國也宣佈將恢復兩國在太空事務上的合作，這一禁令即將取消（中國時報，民國 89 年 11 月 26 日，10 版）。

[27] Rich D. Fisher , JR.「China Increases Its Missile Force While Opposing U.S. Missile Defense」, Backgrounder , The Heritage Foundation , No.1268,April 7,1999, P.11。

[28] 李際均，《軍事戰略思維》，北京：軍事科學出版社，1996 年，頁 117。

[29] Mark Burles and Abram N. Shulsky 《Patterns in China's Use of Force：Evidence from History and Doctrinal Writings》, p.82。

[30] 胡凡、呂彬、張暉、李景龍《兔鷹之爭－國防大學軍事教官評南聯盟戰爭》北京：專利文獻出版社，1999，頁 256。

[31] 同前註，頁 256-262。

[32] 同前註，頁 258。
[33] 中國國防報（北京），2000 年 10 月 18 日，4 版。
[34] 李際均，前引書，頁 230。

第七章

國家安全戰略體系

國家安全戰略體系的建構是民國 91 年版《國防報告書》的一大突破。對釐清國家利益、國家目標、國家安全戰略、國家安全政策、國防政策、軍事政策等概念，以及瞭解我國家安全戰略的決策過程，相當有幫助。本章即透過對國家安全戰略體系的解析，企圖理解我國防政策以及其建構的思維過程。

除此之外，探討我國防決策機制，論述國家安全會議的功能，以及行政院長在國防決策機制中的角色。探討國防體制，分析國防部長與參謀總長，在國防二法實施前後扮演角色的差異。同時，有關國防部軍政、軍令、軍備專業分工的現況及文人領軍的問題，都有論述。

本章對國防政策的解析，只到國家安全政策層次；更進一步的軍事戰略與全民國防，則在下兩章中分析。

國家安全戰略的探討

民國 91 年版《國防報告書》提出了國家安全戰略與國家安全政策的概念。這與以往版本並不相同。例如民國 89 年版《國防報告書》將軍事政策架構在國防政策之下，也沒有提及「國家安全戰略」及「軍事戰略」。

民國 91 年版則建構「國家安全戰略體系」。由國家安全戰略構想指導國家安全政策，並統攝軍事戰略。

以往的概念，在戰略層次是由國家戰略統攝；包括國家安全戰略與國家發展戰略。而國防政策則包括軍事政策，以及非軍事但支持國防的政治、經濟、心理等諸政策。

91 年版不沿用國家戰略概念的理由是要與國際接軌。因爲國際戰略學界都是以國家安全戰略概念涵蓋國家戰略，也無所謂「國家發展戰略」。譬如美國的亞太安全戰略，就是美國的國家戰略在亞太地區的佈局；沒有所謂美國「亞太發展戰略」的詞彙。因爲安全與發展其實是一體兩面，可以列爲同一個變項；正如同冷、熱也是一體兩面，同爲溫度的變項。另一方面，「發展」一詞帶有改變現狀的涵義，容易引起誤解及恐慌。用「安全」詞彙涵蓋，含蓄多了。

至於國家安全政策、國防政策與軍事政策的區分，91 年版則以廣、狹義的概念處理。這使我國對國防政策的概念更精確。因爲在國際戰略學者的理解中，國防政策就是軍事政策，並沒有明顯的區別。

民國 91 年版本的國家安全戰略體系是一個相當大的突

破，明確的釐清相關概念，對理解我國防政策與產生過程相當有幫助。

雖然在第一章中我們略述了國家安全戰略體系，但僅做爲模式與範例以理解國防政策產生的過程，並沒有分析當前國家安全戰略本身的用意。本章則在企圖透過此一體系的解析；闡述我國當前國家安全戰略。

在此我們仍採巴特雷特模式：在分析安全環境，完成安全威脅評估後，即列舉國家目標，進而擬定國家安全戰略。

國家利益與國家目標

依據民國 91 年版的《國防報告書》所描述的國家安全戰略體系，最高層爲我國家利益的界定，是國家安全戰略產生的指導原則。此時國家利益概念是：**一個國家最重要的需求，為國家目標與大戰略的基礎。**[1]91 年版的界定爲：

(一)、確保國家生存與發展。

(二)、維護百姓安全與福祉。

此處的「國家」指的是「中華民國」，因爲 91 年版《國防報告書》第六篇「國防重要施政」第一節「確立軍隊國家化」有如下的敘述：

為何而戰 — 為中華民國國家生存發展而戰；

為誰而戰 — 為中華民國百姓安全福祉而戰。

本書第二章曾敘述國家利益的概念。界定國家利益的目的就要區分資源利用的優先順序。「確保國家生存與發展」與「維護百姓安全與福祉」顯然是我國的攸關利益，受危害只有使用武力一途；國軍為此而戰理由是很明確。

界定國家利益後即可列舉國家目標，因為國家利益界定的概念相當抽象，必須有更具體的國家目標來指出國家資源的運用方向。當前的國家目標是：

(一)確保國家主權的獨立與完整。

(二)維持兩岸關係穩定，促進亞太地區的和平與安定。

(三)維持經濟繁榮與成長，確保國家的持續生存與發展。

(四)深根臺灣、布局競逐全球。

這四項國家目標，就是國家安全戰略所要爭取國家利益的具體實踐。

「確保國家主權的獨立與完整」，就是「國家生存」的具體實踐。

「維持兩岸關係穩定，促進亞太地區的和平與安定」既是「國家生存」也是「維護百姓安全」的具體實踐。

「維持經濟繁榮與成長，確保國家的持續生存與發展」、「深根臺灣、布局競逐全球」，則同時具體實踐了「國家生存與發展」以及「維護百姓安全與福祉」。

這些具體實踐的內容，就是國家安全戰略所要達到的國家目標。

我們注意到，確保國家主權的獨立與完整與維持兩岸關係穩定在中共以武力威脅我國統一於「中華人民共和國」之下成爲一個地方政府時；這兩個目標是衝突的，因爲我們不可能同時確保國家主權獨立，又能維持兩岸關係穩定與和平。因此國家安全戰略的設計，就在能避免被中共以武力統一於「中華人民共和國」之下。這就是爲甚麼我軍事戰略會以嚇阻爲主軸的原因。因爲嚇阻就是要在不違反我方意志的狀況下，以強大的武力確保和平。正如 91 年版《國防報告書》緒論中的敘述：

上述利益之保障，則需要堅強的國力作為後盾，並賴穩定的政治、繁榮的經濟、安定的社會、務實的外交、創新的科技，及一支具有嚇阻力量的強大國軍，充分配合，始能達成。

這與美國當前軍事戰略改以預防性防禦概念，強調先制攻擊的差別很大。因爲我國家目標是維持兩岸關係穩定與和平，並不希望戰爭真正發生。

國家安全戰略與國家安全政策

透過對國家利益的界定與國家目標的列舉，接著即爲擬定國家安全戰略以實踐國家目標。國家安全戰略是一連串廣泛的行動路線與指導原則，巨細靡遺，相當繁瑣。因此通常僅敘述國家安全構想以建立概念。

當前國家安全構想是：

現階段國家安全戰略構想，以確保國家安全與永續發展為目的，綜合運用政治、經濟、外交、軍事、心理與科技諸般手段，並透過追求自由、民主、人權、均富的方式，發揮整體國力，維護國家利益。

在政治上：維護民主憲政，捍衛司法獨立，推動政府再造，促進文官中立，保障基本人權，提升全民福祉。

在兩岸關係上：開啟兩岸和平對話契機，擴展兩岸交流，促進共存、共榮。

在經濟上：促進產業升級，重視環保問題，繁榮經濟發展，厚植整體國力。

在外交上：以「民主人權、經濟共榮、和平安全」三大行動主軸，落實全民外交理念。

在軍事上：建立全民國防，加強全民心防，持續推動國防改革，貫徹軍隊國家化，構建量少、質精、戰力強之現代化國防勁旅。

在科技上：提升科技發展，推動尖端科研，創造科技優勢。

簡言之，就是「發揮整體國力，維護國家利益」。整體概念維持不變，但在綜合國力的運用上則與以往略有差別。以往強調的四大國力是：政治、經濟、軍事、心理。91 年版除原來認知的四大國力外，又增加了外交及科技。

認知外交爲綜合國力一部份的理由，顯然與全球化趨勢下，共同性安全與合作性安全概念闡揚有關。在共同性與合作性安全概念下，國家安全與區域安全結合，各國對避免戰爭都有共同的責任，各國生存與安全是相互依賴的。因此外交的作用極為重要。但因我國外交受中共封殺，國際人格一向背質疑，因此才會強調「落實全民外交理念」；這表示我國外交走第二軌道的機會遠大於第一軌道。而運作的籌碼則是「民主人權、經濟共榮、和平安全」。

強調「科技」為綜合國力一部份的理由，是因在當今高科技時代，科技發展與經濟發展密不可分。當傳統產業受經濟學「邊際效益遞減法則」侷限而無法更高程度的發展時，高科技所形成的「知識經濟」卻能改變為「邊際效益遞增」而迅速發展。同時，高科技發展也與軍事力量的組建不可分。以高科技為基礎的「軍事事務革命」正在各國軍隊中展開，能完成者才能形成軍事力量。否則就如同波斯灣戰爭的伊拉克軍隊，在美軍的「數位化部隊」攻擊下摧枯拉朽，空有龐大兵力卻毫無抵抗能力。因此「創造科技優勢」就成為國家安全戰略構想的一部份。

在此一安全戰略構想指導下，就產生國家安全政策。依據 91 年版《國防報告書》，國家安全政策、國防政策與軍事政策概念間的區別如下：[2]

國家安全政策為廣義的國防政策，區分為政治、經濟、軍事、心理、科技與外交等政策，分別由相關部會等單位負責研擬，經行政院綜整後，由總統頒布；國防政策為狹義的國家安全政策，也就是軍事政策，為國家安全政策中的主要部分，由國防部負責制定執行。

這表示「國家安全政策」的統整性在概念上略高於「國防政策」；這是因為國家安全政策必須依靠各國力因素的綜合

運用，並不僅依靠軍事力量。但卻以軍事力量為核心，因此由國防政策整合其他政策。因此廣義而言，國防政策就是國家安全政策；狹義而言，就是軍事政策。國防政策雖由國防部制定，但有關國家安全的決策，卻絕非國防部長所能專斷，而是由最高當局下決心。所以「宣戰」與否之類的戰爭決策，或許由國防部長建議，但一定由總統宣佈。

所以 91 年版《國防報告書》會採取如下的敘述：[3]

國防部針對達成國家安全目標諸政策，謹提出「建議」概述如后。

因為這些為達成國家安全目標的「政策」未必由國防部負責制定執行，因此只是「建議」而已。這些建議包括：

一、建構穩健兩岸政策，促進兩岸良性互動。
二、積極落實全民外交，拓展國際生存空間。
三、發展經濟健全體質，深根臺灣全球布局。
四、擴大民眾參與國防，凝聚全民國防共識。
五、科技研發強化投資，技術領先創造優勢。
六、國防自主科技建軍，全民國防保障安全。
七、深化民主保障人權，廉能政府制度領先

其中屬國防部直接主管項目，嚴格來說只有第六項。第一項屬大陸委員會，第二項屬外交部，第三項屬經濟部，第五項屬國家科學委員會，第七項屬內政部。至於第四項的「擴大民眾參予國防，凝聚全民國防共識」嚴格來說仍需其他部門的配合，國防部只能說主導建議，而由更高層的行政院決策與指導。

由國防部主管的第六項：「國防自主科技建軍，全民國防保障安全」就是國防政策的主軸。包括兩個概念：

(一) 運用有限國防資源，整體規劃國防科技發展目標，深化自立自主國防科技研製能力，建立有效嚇阻、防衛固守的高科技國防武力。

(二) 完善動員制度，堅實民防體系，鞏固全民心防，建立全民國防，發揮無形戰力；寓兵於民，貫徹平戰結合，厚植國防實力，遏阻戰爭發生。

因此我國狹義的國防政策，也就是軍事政策，其實包括兩個部分：

- 常備武力的使用，也就是「軍事戰略」。
- 後備武力的使用，也就是「全民國防」。

關於「軍事戰略」，我們在第八章探討。關於「全民國防」，我們在第九章討論。

國防決策機制

所謂「國防決策機制」，指國家最高當局決定政策時所經過的一定程序。包括兩部分，一個是廣義的國防政策，也就是國家安全政策，透過國家安全制度決策。另一個是狹義的國防政策，也就是軍事政策，由國防組織，即國防部及其所屬的各級機構制定與執行。其中的差別是：國防組織運作的國防事務屬經常性；國家安全制度處置的國家安全相關問題爲指導性。理論上，國家利益由最高當局及其國家安全團隊界定，國家目標則透過國家安全制度形成，國家安全戰略則由國防組織規劃，建議最高當局執行。

我國政治制度的特色是獨特的「雙首長制」：總統與行政院長在國家領導上自有其特殊結構。這同樣表現在國防決策機制上所扮演的角色。

行政院與國家安全會議

我國國防組織與決策機制的主要法源，爲民國 89 年通過，民國 91 年 3 月 1 日開始實施的「國防法」和「國防部組織法」，被併稱「國防二法」。

依據國防法第 8 條規定：「總統統率全國陸海空軍，為三軍統帥，行使統帥權指揮軍隊，直接責成國防部部長，由部長命令參謀總長指揮執行之。」第 9 條規定：「總統為決定國家安全有關之國防大政方針，或為因應國防重大緊急情勢，得召開國家安全會議。」這兩條條文都具體規定總統在國防軍事事務的指揮權，及指揮的過程。其實，這兩條條文是呼應我國憲法的設計。我國憲法第 36 條規定：「總統統率全國陸海空軍。」凡此種種都顯示，總統做爲三軍統帥和對軍隊指揮權的地位。[4]

但我國憲法第53條規定：「行政院為國家最高行政機關」。第57條：「行政院依左列規定，對立法院負責：1.行政院有向立法院提出施政方針及施政報告之責……」；這顯然包括「國家安全政策」在內。國防法第10條也規定：「行政院制定國防政策，統合整體國力，督導所屬各機關辦理國防有關事務」。這賦予行政院長指導包括國防部在內的機構制定國防政策的權限。但行政院長是否可就軍事議題直接指揮國防部長？如果不能，如何指導國防部長的國防事務？這就產生爭議。

總統擁有統帥權是毋庸置疑的。這不僅是我國的軍事傳統，世界大多數國家也如此設計。除了「直接責成國防部部長，由部長命令參謀總長指揮執行之」外，透過國家安全會議，可以將軍事之外的國家安全事務予以統整。

國家安全會議是依據憲法第9條增修條文所制定。是總統決定國防大政方針的諮詢機關。出席人員包括：

一、副總統、總統府秘書長。

二、行政院院長、副院長、內政部長、外交部長、國防部長、財政部長、經濟部長、大陸委員會主任委員、參謀總長。

三、國家安全會議秘書長、國家安全局長。

除此之外，總統還可以指定有關人員列席，並依需要聘請諮詢委員5至7人。

國家安全會議是個諮詢機關，所以無所謂表決，完全由總統決策。國家安全會議秘書長籌備會議及準備相關議題資料；行政體系相關部會首長提供綜合國力諮詢；國家安全局局長提供情報諮詢；參謀總長提供軍事諮詢；副總統是備位元首，理應了解情況。在此結構中，行政院長的地位不被突顯。國家安全會議的真正功能在透過諮詢產生共識。如果運作良好，國家利益由此界定，國家安全目標也由此決定。

但在實際上的運作中，每個總統都有各自的獨特風格。決策模式也未必相同，不一定會充分發揮國家安全會議的功能。備而不用，由少數親信決策的現象並不缺乏。關鍵在相關人員是否得總統信任。這種情況不僅我國如此，包括美國在內的各國總統都有這種先例。國家安全會議如此；行政院長在國防決策中扮演的角色亦然，全看總統的決策模式了。

【決策模式】

美國政治學者亞利森（Graham T. Allison）曾以 1962 年的古巴危機爲藍本，研究美國外交決策的過程；提出了著名的三種決策模式。

一、理性模式

國家如同理性的個人一般，面對問題時會理性的分析問題，並選擇最佳方案解決問題。

二、組織模式

外交決策的過程是由決策機構，依一套固定規則執行決策。長期而言，會發展成完備的程序。

三、官僚模式

外交決策爲一種官僚體系討價還價的過程。每個成員爲維護自己的本位利益，會想盡辦法影響總統決策。所以是「坐甚麼位子說甚麼話」（Where you stand depends on where you sit.）。

國防體制

國防二法對我國國防體制而言是個劃時代的進步。因爲解決了我國軍政軍令長期未能一元化的問題，以及確定軍政、軍令、軍備的專業分工，以及文人領軍的原則。

國防部長與參謀總長

在實施國防二法前，參謀總長雖屬於國防部管轄，但實際權力卻大於國防部長。參謀總長實際管轄的預算資源比部長多，人事權也比部長大。要理解這個問題須從歷史上看。

中華民國國防機制在建國之始並無定制；迄自黃埔建軍，戰亂頻仍，軍隊不斷擴增，軍制亦仿德日參謀本部制，蔚然成形。當時的總統蔣中正先生出身軍旅，又連續面臨北伐統一、抗日戰爭、國共戰爭的威脅，於是一身兼具國家領袖與三軍統帥雙重身分；以當時的時空背景而言實有必要。早期參謀本部在功能上爲總統下達指令的代言人，只具轉達曉喻功能。軍隊的重心在軍種總部，軍種的自主性與獨立性頗高，聯合作戰的協調性與強制力則相對不足。晚進的參謀本部，透過國防預算分配將國防部的軍政、軍令、軍備的實權完全聚集，國防部本部成爲對外協調的白手套，以及與國會質詢的隔火牆。部長無權卻要受國會質詢；參謀總長大權在握，反不受國會監督。[5]

這是因爲當時軍政軍令未能一元。國防部長掌軍政，爲內閣成員；參謀總長則爲總統（三軍統帥）的幕僚長，執行軍令。才有參謀總長權力大於國防部長的現象。國防二法通過後，明確律定國防部長與參謀總長角色，使軍政軍令合一；修正了參謀總長位低權重的歷史包袱。

【美國的國防體制】

美國的國防體制由總統、國家安全會議、國防部及所屬的參謀首長聯席會議，以及陸、海、空三個軍種部會與各聯合或特設司令部組成。

美國總統兼任武裝部隊總司令，與國防部長合組成「國家指揮當局」指揮美軍。軍政系統透過陸軍部、海軍部、空軍部指揮（部長爲文人）；軍令系統透過參謀首長聯席會議主席指揮其 10 個聯合或特設司令部；緊急時可直接指揮第一線部隊。

國家安全會議是總統的諮詢機構，法定成員爲總統、副總統、國務卿（負責外交）、國防部長。國家安全顧問負責召集會議，參謀長聯席會議主席爲軍事顧問、中央情報局長爲情報顧問，列席參加。故實際人數應爲 7 人。必要時總統可邀請其他人員以顧問身份參加。例來國家安全會議是否能發揮功能要看美國總統的個人偏好。譬如艾森豪總統就很喜歡，召開次數遠超過其他總統。

聯合或特設司令部是美國最高作戰司令部，負責指揮作戰。如果是兩個以上軍種組成，稱爲聯合司令部；單一軍種組成，稱爲特設司令部。目前（911 事件後）共有 10 個分別是：

有地區責任的：歐洲司令部、太平洋司令部、南方司令部、中央司令部、北方司令部、聯合部隊司令部。

全球責任的：太空司令部、戰略司令部、運輸司令部、特種作戰司令部。

依據國防法第 13 條：

「國防部設參謀本部，為部長之軍令幕僚及三軍聯合作戰指揮機構，置參謀總長一人，承部長之命令負責軍令事項指揮軍隊」。

這使參謀總長受部長節制。國防部組織法第 6 條也明確呼應：

「國防部設參謀本部，為部長之軍令幕僚及三軍聯合作戰指揮機構，掌理提出建軍備戰需求、建議國防軍事資源分配、督導戰備準備、部隊訓練、律定作戰序列、策定並執行作戰計畫及其他有關軍隊指揮事項；其組織以法律定之」。

這使參謀總長管轄範圍減少，只負責三軍聯合作戰指揮及建軍備戰的建議與督導。尤其重要的是，國防部組織法第 10 條規定：

「國防部設陸軍總司令、海軍總司令、空軍總司令、聯合後勤司令部、後備司令部、憲兵司令部及其他軍事機關；其組織以命令定之」。

這把昔日參謀總長管轄的三個軍種改爲由部長管轄。91 年版《國防報告書》的描述更清楚地說明各軍總部與國防部的關係：[6]

各總（司令）部改隸國防部，為軍政、軍備事務之執行機關，負責所轄作戰部隊基礎、專長訓練、維修及戰備整備，依部長之命令，將所屬與軍隊指揮有關之機關及作戰部隊編配參謀本部，執行軍隊指揮。

這不僅把三軍總部改隸國防部，更成爲僅負責作戰訓練與戰備整備之機關。理論上，只有在戰時或有戰爭可能時，依部長命令，將所屬部隊交由參謀本部，編組各「三軍聯合作戰指揮機構」，由參謀總長指揮。三軍總司令本身並不指揮作戰。

這是個符合時代趨勢的做法；事實上，三軍聯合作戰的概念早已成型，無論美軍甚至中共的人民解放軍，都有軍種總部負責訓練，戰區（或軍區）負責指揮作戰的理念。戰區（或軍區）就是三軍聯合作戰指揮機構。國軍其實也早已有類似概念與作爲，只不過藉國防二法的實施，予以明確法制化。

【德國的國防體制】

依據德國《基本法》，聯邦總理爲戰時軍隊的最高統帥。國防決策機構爲聯邦安全委員會，聯邦總理任主席。國防部是軍事最高行政機關。

聯邦國防軍總監察長(相當于總參謀長)是國防部長的最高軍事顧問，列席聯邦安全委員會會議。3 個軍種指揮參謀部直接隸屬于國防部，是各軍種的最高軍事指揮機構。各軍種監察長既是各軍種的最高指揮官，又是總監察長的顧問。

無論如何，這種高層組織的調整使參謀本部和各軍種的指揮關係產生變化；這種變化是相當大的。這難免使某些學者對擔心這種變動，是否會造成彼此關係與合作默契的衝擊。[7]其實短期內的不習慣縱難避免，但對未來國軍三軍聯合戰力的發揮將產生決定性的正面影響。

【義大利的國防體制】

總統爲武裝部隊最高統帥。最高國防委員會爲國防決策機構，總統任主席。

國防部爲最高軍事行政機關，國防參謀部爲全軍最高軍事指揮機構。國防體制是以國防部長（文官）爲首，國防參謀長和國防秘書長分別主管軍事和後勤管理的雙軌制。

軍政、軍令與軍備

國防二法的第二個重大改革，是確定軍政、軍令、軍備分立的體系。

國防事務分成三部分的原因是爲了強調專業分工。特別是軍備隨著高科技的發展越來越專業。同時，因爲高科技武器裝備的使用使作戰也越來越專業。國防部於是在部長之下再設兩位副部長。除了參謀總長負責軍令系統外，軍政副部長協助部長負責軍政，軍備副部長則負責軍備。

在這樣的分工下，軍政系統透過資源分配負責國防政策制定。軍備系統則負責武器裝備的發展與採購。軍令系統則集中力量於訓練與作戰。透過專業與分工，希望建立起強大有效的軍力。組織架構如附表 7-1。

【國防部組織系統表】

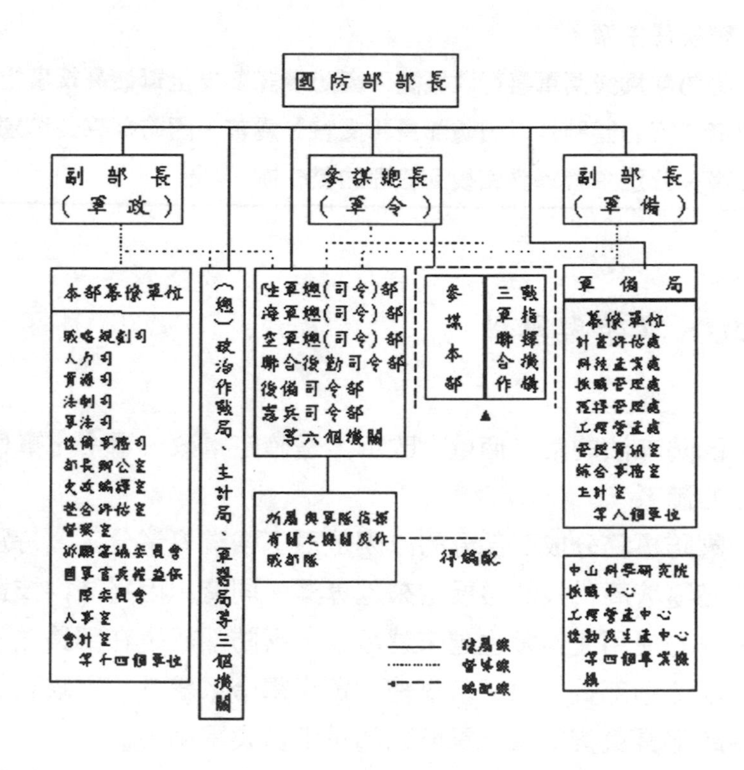

資料來源：中華民國國防部《民國九十一年國防報告書》2-1 表。

文人領軍與軍文關係

國防二法的第三個重大影響是確定文人領軍的原則。所謂文人領軍，或稱文人統制(civilian control)，是指政府文官經由一套特定的機制，進行對軍隊的控制。因此，概念上就是要將「軍事力量」置於「非軍事文人首長」的領導之下。

文人領軍的理論依據，主要是在確保文人的觀點能夠掌握整個決策過程，此即所謂「文人價值的崇高性」(supremacy of civilian value)原則。在有關軍文關係的探討上，一般存在兩種不同的觀點：

（一）、政治學家杭廷頓提出的「客觀文人統制」。
（二）、社會學家簡諾維茲(Morris Janowitz)提出的「主觀文人統制」。

（一）客觀文人統制

杭廷頓認爲「社會因素」是軍文關係的主要決定因素。依照克勞塞維茲的看法，軍隊爲戰爭法則的掌握者；因此，作戰爲軍隊的專屬領域。根據這種分工的觀念，杭廷頓提出了「客觀的文人統制」的論點。認爲透過這種統制，可以將軍事素養發揮到最高的程度。最佳方法就是軍隊不要插手政治，政治人物也不要插手軍事事務。因此，軍隊應該隔離於社會，不應受指揮體系以外的文人影響；對於軍隊的管理應透過法律、規定及正式的指揮體系，讓軍隊發揮應有的實際效用。

（二）主觀文人統制

簡諾維茲認為，「軍隊組織本身的組成結構」才是影響軍文關係型態的主要因素。他認為只有當軍隊融入廣大社會、軍中成員多樣化、並廣泛的代表社會大眾後，才能有效實現文人統制的目標。因此，文人與軍人之間的界限是可以跨越的。軍人可以就讀於非軍事院校而獲得任官；軍人可以住在民間社區，不一定要住在駐地宿舍；軍眷可以在民間學校就讀，也可以在民間診所就醫；無須受限於封閉的營區。從社會學的觀點來看，文人是透過軍隊中的社會結構基礎，而實現其對軍人的統制。並透過「平民戰士」(citizen soldier)的觀念，使軍隊與社會得以有效的連結。

這兩派的論點確實相反。事實上，我們可以用光譜的角度來看，主觀文人統制與客觀文人統制各是光譜的兩端。大部分國防體制都兼採兩種不同的理念，只不過或許偏向某一邊而已。

貫徹文人統制理念的較佳方式，是從文人中選任適任的國防部長。國防二法通過後為何要強調文人領軍，可由以下兩個概念說明：

（一）軍文發展途徑不同，思維方式不同

軍職人員與文職人員的發展與培養途徑不同，因此在處事態度與思維方式上亦不相同。以美國為例，海外用兵作戰時，文人領袖通常主張有限度、彈性的作戰；而軍事領袖則傾向在一個明確授權、確定目標、大規模用兵的情境下作戰。而這種不同的思維方式，也正是強調「文人領軍」的價值所在。戰爭太重要了，不能完全委之於將軍。

（二）國防部長角色的轉換

在軍政軍令一元化後，國防部長角色已不同以往，在國防政策上已居主導地位。因此，若要確保文人觀點能夠掌握整個決策過程，由文人中選任國防部長爲較佳選擇。

我國國防部長一職雖是文官，但慣例由軍職轉任。這是因爲對軍事事務孰捻可以駕輕就熟，同時以較高的軍校期別與資歷，可以透過軍中倫理影響參謀總長，以糾正軍政、軍令二元化下參謀總長權重的缺失。因此雖有數次由文人擔任國防部長的經驗，但總是功效不彰，與要確保文人價值的崇高性原則仍有一段距離。如今軍政、軍令一元，文人領軍已有可能。

雖然文人推崇多元化概念，在諸多事務觀點上經常矛盾與衝突，與強調戰術思想統一的軍事體系似乎杆格不入；但是從美國經驗來看，形形色色的出版與研究，彼此思維的分歧與衝突，正是創造力的來源；[8]可以矯正單一價值思維下適應性缺乏的弊病。

國防二法確認文人領軍原則。此一原則將對我國防政策的決策機能注入新的血脈，使國家安全戰略體系更趨完整。

建議記憶或理解的問題：

一、91 年版《國防報告書》採用國家安全戰略，不用國家戰略概念的理由何在？

二、91 年版《國防報告書》所界定的國家利益爲何？

三、以往強調的四大國力是：政治、經濟、軍事、心理。91 年版《國防報告書》除原來認知的四大國力外，又增加了哪些？

四、國防部專業分工分爲哪三項？

建議思考的問題：

當前我國國家利益界定爲：「確保國家生存與發展」以及「維護百姓安全與福祉」，並由此設定國家目標。請問，如果我加強與大陸經濟合作因而促進經濟繁榮，雖提高百姓福祉，但可能因此依賴大陸而影響我國家主權獨立；如此是否符合我國家利益？

【註解】

[1] 請參考：中華民國國防部《民國九十一年國防報告書》,「第二篇　國防政策」，電子化文獻：http://www.mnd.gov.tw。
[2] 同前註。
[3] 同前註。
[4] 丁樹範，「國防二法之實施與決策機制」，電子化文獻，http://www.dsis.org.tw/peaceforum/symposium/2002-03/TM0203002.htm
[5] 帥化民 ,「國防二法的面面觀」，中央日報，民國 91 年 3 月 1 日，二版。
[6] 中華民國國防部《民國九十一年國防報告書》,「第二篇　國防政策」。
[7] 譬如國內著名的軍事學者，政大教授丁樹範博士就認爲：「過去各軍種附屬於參謀本部，長期的隸屬關係使彼此相互瞭解各自的作業情形，容易形成合作默契。如今各軍兵種附屬於國防部長之下，彼此對工作關係和模式尚需要摸索和嘗試」。前引文。
[8] Henry E. Eccles，《軍事概念與哲學》，常香圻、梁純錚譯，台北：黎明文化事業公司，1972，頁 343。

第八章

軍事戰略

國防政策的核心

本章先討論軍事戰略的概念，從定義、衝突光譜、資源限制等面向探討；進而分析嚇阻與防衛戰略的區別，進而尋求整合這兩種相互矛盾的概念。

第二節為本章重點：探討我國之軍事戰略。先從歷史觀點描述我國自 1950 年代以來軍事戰略的演變，再探討當前之「有效嚇阻、防衛固守」。對 91 年版《國防報告書》所蘊含的「拒敵境外」概念，以及作戰指導由「制空、制海、反登陸」向「資電先導、遏制超限、聯合制空、制海，確保地面安全，擊滅犯敵」之轉變過程與影響，亦有解析。第三節則對我國之常備防衛武力略作闡述，俾建立完整概念。

軍事戰略的概念

91年版的《國防報告書》列舉我國防政策的基本理念有三：「預防戰爭」、「維持臺海穩定」、「保衛國土安全」。[1]敘述如下：

一、國防整備的目的，在建立足夠防衛能力，以防止衝突、預防戰爭。

二、透過安全對話與交流，促使兩岸軍事透明化，以維持臺海穩定，確保區域安全。

三、秉持「止戰而不懼戰、備戰而不求戰」之理念，建構「有效嚇阻、防衛固守」之基本武力；若敵強行進犯，將傾全力保衛國土安全。

這段敘述分常清楚地闡述了我國當前的國防政策。因為軍事威脅的意義，是敵人的「可能」入侵，而不是「一定」入侵；因此國防政策的內涵應包括兩個概念，一個是嚇阻，也就是「預防戰爭」發生；另一個是防衛，也就是「若敵強行進犯，傾全力保衛國土安全」。美國政治學者史耐德（Glenn H.Snyder）曾明確的區分這兩個概念：[2]

嚇阻是使敵人瞭解，其軍事行動所付出的代價與面對的危險將超過所獲致的成果，以促其打消從事軍事冒險的念頭。防衛則指在嚇阻失敗後，減輕己方所可能付出的代價與面對的危險。……嚇阻與防衛最大的區別是，嚇阻主要是平時的目標，防衛則在戰時發揮功效。吾人在不同的時期，直接運用嚇組與防衛的價值。

國防政策的基本理念就是建軍的指導原則。因爲兵力整建的基礎在建軍構想。這要從威脅評估開始，解答一連串的問題：

假想敵將如何對我發動攻擊？
我們要如何回應攻擊？
或回應威脅？
如採取嚇阻，要如何嚇阻？
需要甚麼樣的部隊？
需要甚麼樣的武器系統？
人、物力等資源的來源如何？

這些問題的答案都獲得解答，部隊才開始組建。這個時程很長，依據 91 版《國防報告書》圖 2-1「我國國家安全戰略體系圖」的附註，一個兵力整建計劃從建軍構想到完成備戰，需要五年。這是因爲當代高科技武器系統不可能從現貨市場上取得，必須依需要設計委託建造。

建軍構想必須同時兼顧嚇阻與防衛。因爲用兵的最高境界就是《孫子兵法》的名言：「不戰而屈人之兵」。因此，如果我們所整建兵力因爲備戰完成而不需使用，就是最成功的兵力整建計畫。這是軍事建設與其他經濟或交通建設的最大區別。「不用」才是發揮的最大用途。冷戰時期戰略核武的建設就是最好的例子。

如何建軍與備戰，也就是國家在軍事上如何回應外部威脅？以及，如果不得已必須作戰時如何應戰以獲得勝利？就是國防政策的核心，也就是軍事戰略。所有的國防事務，都是圍繞著這個核心運轉。

軍事戰略的定義

軍事戰略的定義各國不同，雖然概念差不太多。譬如中共的定義：[3]

軍事戰略是籌畫與指導戰爭的全局方針。

日本的定義：[4]

軍事戰略是有關軍事力量的運用與計劃。

俄羅斯的定義：[5]

軍事戰略是軍事學術的組成部分和最高領域，它包括國家運用武裝力量準備戰爭，計劃與進行戰爭及戰略性戰役的理論與實踐。

美國的定義：[6]

一個國家運用武裝部隊之武力或武力威脅，鞏固國家政策目標的藝術與科學。

美國的定義比較完整，因爲它含括了「運用武力」與「武力威脅」的概念，同時兼顧了防衛與嚇阻。其他的定義都僅提到「運用武力」，忽略了嚇阻在軍事戰略中的價值。雖然準備戰爭本身就有嚇阻涵義，但明確界定概念，或許可以糾正一般人所疏忽的命題：

基於預防戰爭的概念，嚇阻其實應優先於防衛。

衝突光譜

軍事戰略中有相當大的部分是兵力整建。但是要整建何種兵力，需要對可能威脅做評估，也就是假想敵將如何對我使用武力？請注意，是「假想敵」，未必是真正敵人。真正戰爭未發生前誰也不能確定敵人是誰。假想敵是種評估，是個判斷；是否正確必須經過考驗，這就是風險。如果正確，就表示軍事戰略正確，或許可以避免戰爭或獲得戰爭勝利。如果錯誤，遭受非預想中的攻擊，就表示軍事戰略錯誤，資源錯置。美國「911 事件」中本土遭到恐怖份子攻擊得逞，造成前所未有的慘重損失，就是個明顯例子。

要如何整建兵力？美軍其實已有很好的思維理則。他們運用衝突光譜的概念（如圖 8-1），值得參考。

衝突光譜是個協助兵力規劃的很好工具。長期以來，美軍以衝突光譜作爲作戰行動與任務的註解。曾經使用的衝突光譜其實不只一種，圖 8-1 只是其中之一。這個圖解將作戰任務區分爲三個層次：高強度、中強度與低強度。高強度衝突發生可能性不高，但這種戰爭對國家危害很大。低強度衝突雖然對國家的風險較低，但發生的可能性高。美軍企圖透過對此一光譜的註解，作爲兵力規劃的依據，準備在整個衝突光譜中獲得全面勝利。[7]這表示美軍同時整建了應付三種可能衝突強度的兵力。

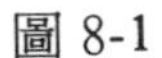
圖 8-1

【衝突光譜】

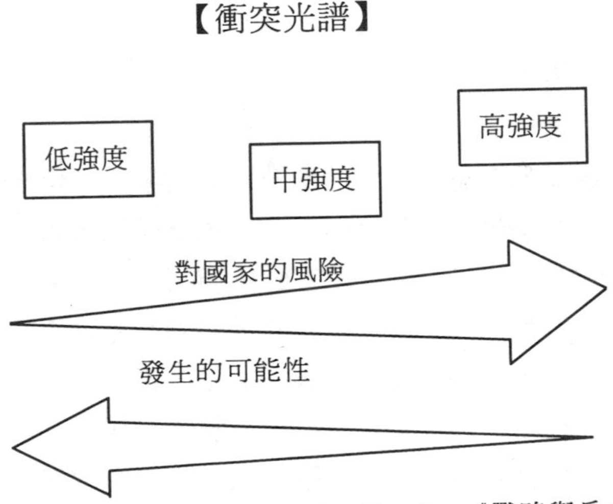

資料來源：Strategy and Force Planning Faculty，《戰略與兵力規劃（下）》，台北：國防部軍務局譯印，1998，頁 87。

「911 事件」證明美軍在運用衝突光譜時犯下錯誤。美軍將反恐怖行動列爲低強度衝突，認爲不會對美國本土造成嚴重損害，至少比戰爭要低。但事實證明，911 事件造成美國的損害超過引發太平洋戰爭的珍珠港事件。珍珠港事件不過傷亡 3,581 人（包含平民及軍人，死亡 2,403，傷 1,178），但 911 事件中的人命損失卻超過 5,000 人。

美軍運用衝突光譜雖有錯誤，卻不表示這是個無用的概念。事實上它非常好用。我們也可以列出可能的台海衝突光譜（如附圖 8-2），作爲兵力規劃的註解。

中共武力犯台以飛彈攻擊的可能性最高，但造成我方的損失則較低。因爲如果不論政治或外交之類的其它風險，純就軍事層面而言，中共以地－地飛彈攻擊我重要設施的風險最小；因此可能性最高。但我縱使承受數百枚飛彈攻擊，只要不是大規模殺傷（指核、生、化武器）彈頭，也依然有相當戰力存活，勝負還在未定之天；所以損害較低。但如果是兩棲登陸，那就是地面部隊的決戰，無論勝負對我傷害都極大。台灣已經徹底都市化，除了灘岸外，其實沒有適合旅以上地面部隊作戰的野戰空間。但中共亦將付出極大軍事風險；因此可能性最低。有衝突光譜的註解，就可以適宜規劃兵力，將資源妥善分配。

圖 8-2

【台海衝突光譜】

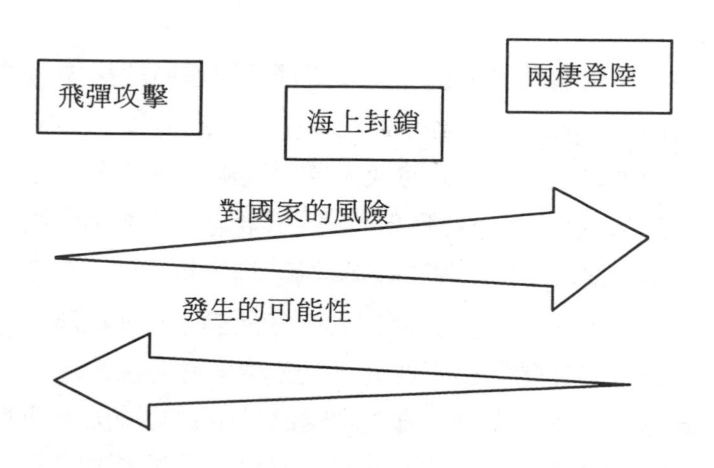

資源限制

探討軍事戰略必須注意資源限制。國家安全戰略雖然是政治、經濟、軍事、心理、科技、外交等諸力量的綜合運用，但核心還是在軍事力量。因此資源限制其實就是國防預算多寡的問題。至於各版本《國防報告書》所列出的人力資源限制，因目前我國仍實施義務役，不算困難。

國防政策的核心是軍事戰略，軍事戰略隨著國家安全戰略及國家目標而改變。除此之外，經濟發展及財政支出也影響軍事戰略，而且相互影響。簡言之，經濟愈成長，財政愈充裕，愈能提供較多的國防預算，軍事戰略的選項就增加。反之，經濟衰退，國防預算減少，就必須考慮修訂軍事戰略以為配合。另一方面，積極的軍事戰略需要較高的國防預算支持，因此排擠其他的財政支出，影響經濟發展。反之，消極的軍事戰略則可減少總預算的機會成本，有利於投資或其他福利支出。

從歷史的角度來看，可以更理解軍事戰略與國防預算間的關係。

台灣在兩位蔣總統時代，雖然在龐大國防壓力下，但強調「勤儉」概念，全力發展經濟，有相當大的成就；號稱「經濟奇蹟」或是「開發中國家的典範」，與新加坡、香港、南韓並稱「亞洲四小龍」。此時中共卻在所謂「三面紅旗」、「文化大革命」的廿餘年連續動亂中，經濟發展向後倒退。因此國軍雖然在土地、人口、資源均遠遜於中共的情況下仍能採取積極的軍事戰略；就是因為在「經濟」這項國力因素上遠佔優勢，同時又擁有較佳的教育訓練及堅定的國家意志等心理因素，所以能以質勝量。換言之，就綜合國力言，台灣未必弱勢。

自李登輝總統主政後，國軍放棄攻勢構想，改採消極的軍事戰略。因此這一階段的國家總預算雖由民國 82 年度的 10,707 億元，增加至民國 91 年度的 15,187 億元，增幅 41.84%。但國防預算卻由 82 年度的 2,711 億元，反降至 91 年度的 2,610 億元，減幅 3.70%。[8]這使政府有更多的選擇從事經濟建設或實施福利政策，而提高人民生活的水準與社會安全。

相對的，中共自改革開放以來，自 1979 至 1992 年間經濟每年平均以 8.6%的速度成長；這提供了其國防預算增長的基礎。中共國防預算因而自 1989 年以來，每年均以兩位數字增加。2000 年增加 11.3%，2001 年增加 17.8%，2002 年增加 17.6%；已達到 1,660 億人民幣。如果依照美國判斷，中共大量隱藏國防預算，則實際可達到 4,980 億人民幣以上。[9]

當國防資源的天平逐漸倒向中共時。國軍不得不精打細算，軍事戰略的選項因而減少。軍事戰略的改變直接反映在國防大餅中陸海空三個軍種的分配上；尤其是武器採購。譬如，2001 年美華軍售會議，我方爭取並獲得美方同意採購八艘潛艇及四艘紀德級驅逐艦，這筆預算即需耗費新台幣 2,700 億，將使今後數年內每年國防預算增加 600 億；[10]以民國 91 年度的 2,610 億元爲基數計算，增加超過 25%。其結果不僅壓縮經濟發展或社會福利的支出，也將排擠其他軍種的武器採購。這也說明，我國的軍事戰略，海軍將扮演較以往更重要角色。

嚇阻理論的進一步探討

嚇阻與防衛是兩個完全不同的概念，因爲有不同的手段與目的，軍事戰略上難以同時兼顧與兼具。嚇阻是以影響敵人的心理意志爲主要目標，運用各種威脅利誘的手段，以阻遏敵人任何改變現狀的意圖。而防衛則在抵擋敵人入侵，降低或避免傷害。[11]比較起來，防衛是弱勢者的選項，本質上是消極被動的武力對抗。嚇阻則是積極的、主動的，既可以是詭詐的鬥志行爲，也可以是無情的武力報復。

嚇阻的效力來自報復，沒有報復能力就無所謂嚇阻可言。防衛因具被動性，又缺乏報復能力，不易造成對方企圖改變現狀的決策壓力，自然不具備嚇阻效果。因此嚇阻與防衛也被某些學者認爲是兩個不同的戰略選擇，彼此替代性不高，任何戰略發展不宜腳踏兩條船。[12]這是因爲不同的戰略構想需要不同的兵力結構。國防政策受限於資源不足，如果企圖同時滿足兩種戰略所需的兵力，不是徒耗資源排擠其他經濟或福利支出，就是兩種戰略的兵力結構都不能滿足。

嚇阻與防衛相互排斥的論點雖言之成理，但有高度爭議性。就邏輯上說，沒有強烈的報復行爲，讓對方覺得可能得不償失，就不會造成對方疑懼的效果，嚇阻就無效。但報復屬事後行爲，被嚇阻者相信會被報復則是事前判斷；所以同樣就邏輯而言，報復能力的強弱是否爲嚇阻的決定因素，頗有爭議。[13]

因此，被嚇阻者覺得可能得不償失的判斷，並不一定來自嚇阻者的報復。如果被嚇阻者對成功改變現狀的主客觀因素有所疑慮，依然會被嚇阻。因此，防衛能力的強弱，顯然可列為影響對方決策的考慮因素之一。

防衛性嚇阻（deterrence by defense）的概念於是產生。其嚇阻效果在於：[14]

一、快速否定敵人攻擊。

二、直接攻擊侵略者具有高價值的目標。

三、有能力且有高度意志貫徹報復決心。

防衛於是與嚇阻概念相互連結：在嚇阻對手無效後，藉實際的防衛手段否定對手的侵略行為。但缺乏報復嚇阻就不完整，因此必須加入報復元素。否則對手在「攻不下就算了，反正至多就是『不成功』而已」的判斷下，不能改變其侵略的決心。

易言之，防衛性嚇阻就是有報復能力的防衛，是一種在消極中具積極意義的戰略。成功的防衛性嚇阻必須有能力否定對方的攻擊；同時也要有能力報復，攻擊對方的高價值目標。這表示兵力整建的重點在防衛武力，但也必須挪出部份資源，整建具有攻擊性的武力。

這個概念對我當前軍事戰略而言深具啓發意義。但並不意味著已採取防衛性嚇阻的軍事戰略。事實上，台海兩岸對峙的本質與西方敵對國家間對抗並不相同。某些因素使我們相當自制的限制這種深具報復意義的戰略。但整建具有攻擊能力的兵力，對當前軍事戰略而言卻是有意義的。

我國當前的軍事戰略

在解析我當前的軍事戰略前，先從歷史角度回顧我軍事戰略的演變，對更深入的理解是有幫助的。因爲軍事戰略不是憑空而來，自有其反應時代變遷的軌跡。

台灣安全戰略及軍事戰略的回顧

軍事戰略是國防政策的核心，隨國家安全戰略的轉變而轉變。而要檢視我國家安全戰略轉變的過程，需從國家目標的重設定著眼。

自政府播遷來台，國家目標隨著國家領導人的更迭曾有多次的重設定。從蔣中正總統的「反攻復國」到蔣經國總統的「以三民主義統一中國」，以至於李登輝總統由「國家統一」向「特殊的國與國關係」轉換，到現在陳水扁總統的「確保國家主權的獨立與完整」；雖然方向性的轉變不可謂不大，但在軍事戰略上，「防衛台灣」卻一直是最優先概念，甚至在蔣中正總統時代都優於「反攻大陸」。[15]

軍事戰略的轉變是漸進的。一心反攻大陸的蔣中正總統在 1966 年開始將攻勢作爲轉爲守勢，推論這是因爲中共軍事力量提昇（1964 年中共核武試爆成功），台灣因而在軍事戰略上調整。[16]不過這並不表示國軍放棄攻勢構想；事實上，在兩位蔣總統時代的建軍構想都是「攻守一體」。[17]直到李登輝總統時代才開始根本上的轉變，強調「守勢防衛」。這表示台灣已經放棄以武力解決兩岸衝突，也不準備趁中共內亂推翻共黨統治。[18]

再一次的轉變是在陳水扁總統主政後。陳總統雖在競選期間提出「決戰境外」的構想，但並未立刻反應到軍事戰略上。民國 89 年版的《國防報告書》將李登輝總統時代的「防衛固守、有效嚇阻」改為「有效嚇阻、防衛固守」。此一戰略的調整有使台灣在進行防衛時，由被動作為轉為主動，積極嚇阻中共使用武力的念頭。[19]但這是否表示國軍的軍事戰略再度轉為有攻勢內涵？則不見任何文件確定。

確定的文件是出自民國 91 年版的《國防報告書》。在第二篇「國防政策」，敘述我當前防衛作戰的戰略構想：

> 國軍防衛作戰本「有效嚇阻、防衛固守」之戰略構想，於戰爭伊始，即以海空優勢作為，選擇有利海、空域，逐次阻殲來犯敵軍，確保國土安全。作戰全程配合資訊、電子、特種作戰，襲擾、破壞敵軍戰役組織與打亂其作戰計畫，並持續攻擊敵之「指管通資情監偵」關鍵節點，侷限、消耗敵軍統合戰力。

一個在消極中具積極意義的軍事戰略十分明晰的展現。構想的關鍵在：一方面否定對方攻擊，另一方面，肯定攻擊對方的能力與決心；但與防衛性嚇阻概念有所區別。防衛性嚇阻強調的報復是攻擊對方高價值目標。對西方學者而言，這指的是敵之政治或經濟中心；著眼於「易損性高」，且對敵之「傷害性大」。「有效嚇阻、防衛固守」雖有對敵攻擊內涵，但目標的選擇是「敵之『指管通資情監偵』關鍵節點」；這是戰術目標，而不是西方報復概念的「高價值」戰略目標。

台海兩岸武裝衝突的本質，是同一民族政治理念與意識型態的對立；勝負的關鍵相當程度的決定於民心。基於政治號召的必要性，雙方軍事行動一向以不傷害對方民眾爲原則。這是兩岸軍事對峙半世紀來的默契。而目前沒有任何破壞此一默契的理由。

事實上，「有效嚇阻、防衛固守」中的攻擊意涵，並不在嚇阻概念而是在防衛概念中。關於此一軍事戰略的內涵，我們進一步解析。

當前的軍事戰略

91 年版《國防報告書》揭露的軍事戰略區分爲三個部分敘述，分別是：防衛作戰構想、三軍聯合作戰構想、建軍構想。而以防衛作戰構想爲重點，解析於後：

【防衛作戰構想】

(一) 戰略構想

見前節。

(二) 有效嚇阻

1. 建立早期戰爭預警系統。
2. 建立高效率聯合作戰機制與戰力。
3. 提升資訊、電子戰攻防能量。

4. 保持海、空優勢，整建地面決勝兵力。
5. 強化緊急應變、快速反應、立即作戰能力。
6. 堅實龐大後備動員戰力。
7. 迫敵面臨「勝算不確定」、「傷亡很慘重」之抉擇，而不敢輕易犯臺。

其中重點是第7條。前面六條只是手段。這表示當前軍事戰略的「嚇阻」概念，是以強大的防衛武力作爲要件，迫使中共對成功改變台海現狀的主觀因素有所疑慮。

(三) 防衛固守

1. 資電作戰：防護禦敵、軟硬兼施、關節打擊。
2. 戰略持久（反導彈攻擊）：主動、被動防禦、C^4ISR。
3. 制空作戰：嚴密監偵、聯合防空、適時決戰。
4. 制海作戰：反制封鎖、機動截擊、空岸配合。
5. 地面作戰：遏制超限、快反機動、分區擊滅、連續反擊。
6. 全民防衛：建構「全方位、全民參與、總體防衛、民眾信賴」的全民國防。

當嚇阻不成功，就必須採取防衛。而嚇阻的成功與否，又在防衛是否能產生中共對成功犯台的高度不確定性。因此防衛固守的構想其實是我軍事戰略中重點的重點。值得探討的之處有四。

第一，列舉的順序就是接戰順序；這潛藏一個解放軍攻台模式的判斷。「料敵從寬」是敵情判斷的原則，所以這想定是一種最不利的狀況：解放軍全力攻台，而國軍在沒有外援的情況下防衛固守。此時解放軍的攻台模式可能如下：

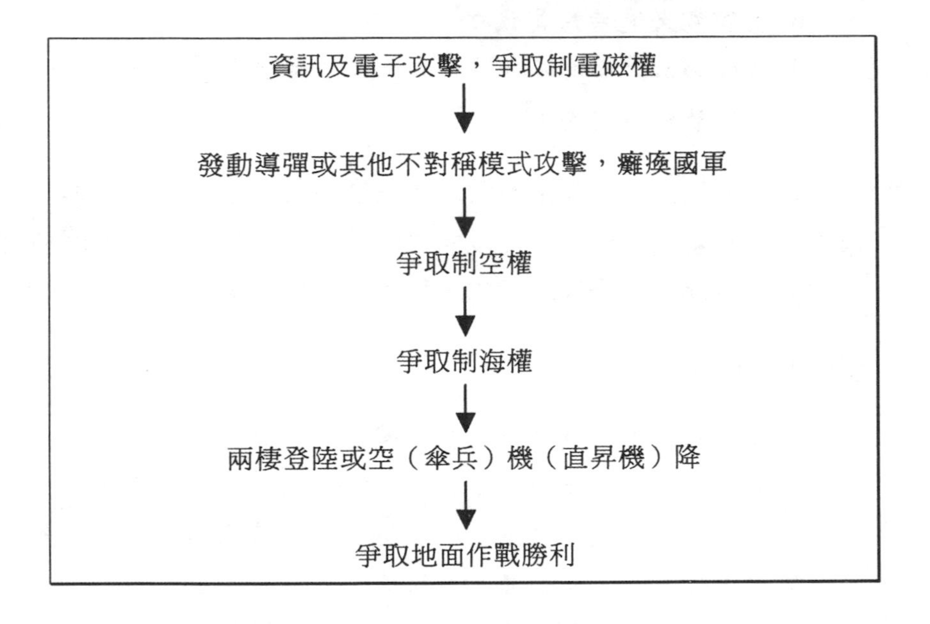

防衛作戰構想就是要在這種最壞情況下反制。中共武力攻台雖然有主動優勢，可以選擇最適當時間、地點與方式發動，但國軍就算在最壞情況下，只要其中有一個環節反制成功，解放軍的攻勢就失敗。如果最壞情況下都有機會反制成功，那當解放軍僅採取其中部份手段，或者國際形勢對我有利下有外軍援助，那防衛作戰獲勝機會就更高。

第二，第 1 項資訊戰及電子戰在以往版本的《國防報告書》中沒有清楚敘述。這表示國軍已認知資訊戰在現代戰爭的地位，並判斷這是解放軍最可能優先採取的攻擊行動。其中的「軟硬兼施」指的是「軟殺」及「硬殺」。軟殺是軟體的對抗，雙方資訊戰士透過網路相互攻防，攻擊對方程式軟體。硬殺是攻擊對方的資訊設施等硬體。無論軟殺、硬殺，目標都是 C^4ISR －「指管通資情監偵」的關鍵節點。因爲在已經資訊化的戰場，最有效的攻擊目標不再是對方的打擊武力，而是通訊及指揮中樞。

第三個重點是將以往「灘岸決戰」的概念改爲「地面作戰」。這是兵力運用概念的進步。因爲解放軍地面兵力的投射並不僅「登陸」一個手段而已，還包括空降與機降，或者特種部隊的滲透。因此以地面作戰的概念含括，包括**反登陸、反空降、反突擊**三項作爲。[20]

同時，「決戰」具有最後戰鬥的意義。如果決戰失敗，戰役就結束。因此，雖然地面作戰的主要內涵仍在「殲敵於灘頭及空（機）降著陸區」，但並非決戰，也不意味著如作戰失敗就被迫屈服，還有藉全民防衛的各個手段贏得最後勝利的機會。如此可增加中共「勝算不確定」的疑慮，強化嚇阻效果。

第四，基於以上的概念，以往耳孰能詳的「制空、制海、反登陸」的概念，就變成「**資電先導、扼制超限、聯合制空、制海、確保地面安全**」。也成爲國軍建軍備戰的指導。

防衛作戰第四段「用兵理念」，則是對前述構想的註解。將抽象的作戰概念予以具體敘述：

(四) 用兵理念

1. 爭取電子資訊戰優勢，強化先制與反制作為，瓦解敵

奪取制電磁權企圖。

2. 設想敵不對稱戰模式，預擬應變腹案，並積極整備生化防護能力，以發揮有備無患的效能。
3. 依整體防空、制空作戰之指導，獲取並保持臺海局部空中優勢，防制敵導彈及空中攻擊，並減少戰損，以確保戰力完整。
4. 藉反封鎖作戰戰術作為，維持航運暢通，在海、空聯合下，遂行機動截擊作戰，並以空、岸火力配合，殲滅敵進犯船團，以爭取制海優勢。
5. 依殲滅來犯之敵、確保地面安全之指導，集中三軍精準火力，並結合空、地機動打擊戰力，藉連續反擊，殲敵於灘頭及空（機）降著陸區。
6. 本著「常備打擊、後備守土」之要領，完成後備動員戰力整備，以為維持常備兵力持續戰力之依恃。

91 年版《國防報告書》將我國當前的軍事戰略描述的極爲清楚。除了「防衛作戰購想」外，還有「三軍聯合作戰構想」。

列述目的應是爲了補充前述構想之不足。前述構想依據防衛作戰想定，列舉：資電作戰－反導彈攻擊－制空作戰－制海作戰－地面作戰－全民防衛，整個過程的作爲。但很容易使人誤解防衛作戰是由：資訊戰部隊、防空部隊、空軍、海軍、陸軍、後備部隊等，依序與攻台軍對抗。事實並非如此。當代作戰型態爲各軍、兵種之聯合作戰，單打獨鬥的日子早已過去。這也是國防部組織變革，將各軍種總部納編入國防部，成爲訓練與作戰整備之機構，再依命令將「指揮之有關機關及作戰部隊編配參謀本部，執行軍隊指揮」的原因。各軍種總部不再負責作戰，而由參謀本部負責統一指揮，執行三軍聯合作戰。

三軍聯合作戰構想是：

未來兵力整建將置重點於提升「三軍聯合作戰整體戰力」，三軍聯合作戰戰力整備，以建立情資互通共享及共同作業環境為整備目標，全力爭取海空優勢，贏得緒戰勝利；若敵持續採三棲武力全面進犯時，則憑藉臺海有利天塹，續本戰略持久之指導，按「制空、制海、地面防衛」作戰，發揮三軍聯合作戰戰力，力求殲敵於有利海、空域。

前述防衛作戰構想及聯合作戰構想，說明了國軍準備怎麼打這場防衛作戰。也由此決定需要甚麼樣的部隊打這場仗。91 年版《國防報告書》敘述的建軍構想是：

以「資電先導、遏制超限、聯合制空、制海，確保地面安全，擊滅犯敵」之指導，建立「小而精、反應快、效率高」之精準打擊戰力，以達成有效嚇阻之目標。

最後一段的敘述是耐人尋味的：「以達成有效嚇阻之目標」，而不是「防衛固守之目的」。事實上，91 年版《國防報告書》對國軍準備怎麼打這場防衛作戰確實較以往明晰。軍事戰略透明化的目的，就是爲了要嚇阻。是要讓假想敵知道，我軍確有足夠實力防衛固守；以避免對方誤判而採取軍事冒險。而我國軍事戰略之所以將赫阻的目標至於防衛之前，正是因爲我國防目的主軸在預防戰爭，而不是要贏得戰爭。

拒敵境外

91年版《國防報告書》所闡述我當年之軍事戰略，與以往略有不同之處，是蘊含「拒敵境外」的概念。也就是「避免戰爭帶到台灣本島，以確保全體國民最大利益。然後以此最大利益，來確定國軍的建軍目標」。[21]

拒敵境外的概念，來自陳水扁總統競選時「白皮書」所提出的「決戰境外」。與先制防禦、縱深打擊；快速反應、早期預警、聯合防空、技術優勢、全民防衛等共8項同爲選舉時的國防政見。構想的主要目的是爲了爭取戰略縱深，最大程度的阻絕戰火於本土之外。[22]

總統當選人將競選政見落實於實際施政理所當然，《國防報告書》也應該反應現任總統的國防理念。只是用「決戰」二字易產生語意上的誤導。因此改爲「拒敵境外」。拒敵境外的概念表現防衛作戰的作戰構想中：

> 於戰爭伊始，即以海空優勢作為，選擇有利海、空域，逐次阻殲來犯敵軍，確保國土安全。

以及三軍聯合作戰構想：

> 全力爭取海空優勢，贏得緒戰勝利。若敵持續採三棲武力全面進犯時，則憑藉臺海有利天塹，續本戰略持久之指導，按制空、制海、地面防衛作戰，發揮三軍聯合作戰戰力，力

求殲敵於有利海、空域。」

拒敵境外是個很重要的概念，既然要避免戰爭帶到台灣本島，海、空軍就成爲主要的運用兵力；在高科技戰爭中，關鍵也就是否能獲得足以爭取到海空優勢的武器系統。國軍在獲得「潛艦」、「紀德級驅逐艦」後期望有更先進的「神盾級軍艦」及「JSF 戰機」就是基於此一理念。雖然「全民國防」、「地面防衛」仍爲我軍事戰略的主要手段，但海。空軍顯然將扮演更重要角色。至於是否會對國家預算產生排擠效應，以及國防預算大餅的分配是否會引起爭議，就必須進一步分析衡量。國防政策是政治性決定，軍事戰略雖然專業性極高，仍要服從決策者的政策指導。

我國的防衛武力

本節略述我國的防衛武力。

我國防衛武力經過近年來的精簡，兵力已較以往減少。在常備部隊方面，陸軍兵力 19 萬，海軍 5 萬，空軍 5 萬，另憲兵 1 萬及其他勤務支援部隊等。

中華民國陸軍概述

陸軍編組，陸軍總司令部下轄軍團、防衛司令部、航空特戰司令部、後勤司令部、防空飛彈指揮部、師指揮機構、裝甲旅、裝步旅、摩步旅、步兵旅、空騎旅、特戰旅、測考中心。

戰略單位爲聯兵旅，這是個旅級的聯合兵種單位，具有獨立作戰能力。以往的戰略單位爲「師」，但因台灣地形山多地狹，都市密集；師級部隊過於龐大，不適合在台灣的地形作戰。同時，現代武器系統威力強大，一個旅級部隊的戰力未必輸給廿年前的師。取消師一級後，指揮階層直接從軍團到旅，指揮速度可以加快。師指揮機構仍予保留，必要時可以配屬數個旅，協助軍團指揮，獨當一面。

【國軍武器系統小檔案】

雷霆二千砲兵多管火箭系統

由中山科學研究院研發多年的反登陸作戰利器。是以自走式發射車採彈箱式發射架設計，可配備不同射程、效力的彈頭，共設計有 MK45、MK30 及 MK15 等三種型式火箭彈，射程分別可達 15 公里、30 公里及 45 公里，可配備「人員殺傷」及「破壞裝備」的「雙效群子彈頭」或「鋼珠高爆彈頭」。

雷霆二千系統採取「打了就跑」（shoot and scoot）的戰術設計，採用 M997 輪車，可在高速公路以一百公里的時速行進。到達發射地點後，在三分鐘內完成發射準備。採用 MK45 火箭彈時，12 管火箭可在 48 秒內發射完畢；MK30 火箭彈 27 管火箭也僅需 54 秒，至於射程較短的 MK15 火箭彈，以 60 管齊射時僅需 30 秒。不但可以延伸射擊涵蓋範圍，而且可以提高戰場存活力。

多管火箭系統能攻擊「面」的敵人，射程又遠，是一種威力極大的地面作戰武器；對地面作戰的戰術運用將造成重大衝擊。

陸軍使用的主要武器裝備有：AH-1W 攻擊直昇機、OH-58D 戰搜直昇機、M-48H 戰車、M-60A3 戰車、人員攜行式防空飛彈、車載式防空飛彈、M-109A5 自走砲車、天弓飛彈、愛國者飛彈等。

聯兵旅具有：裝甲旅、裝步旅、摩步旅、步兵旅、空騎旅、特戰旅等型態。裝甲步兵旅與摩托化步兵旅的區別是：裝步旅的步兵搭乘裝甲運兵車隨車作戰。摩步旅的摩托化只是運輸工具，步兵必須下車作戰。空騎旅能空中機動，遂行機降作戰。特戰旅則是遂行空降作戰。

中華民國海軍概述

海軍編組：海軍總司令部下轄艦隊司令部、陸戰隊司令部、教育訓練暨準則發展司令部、後勤司令部、驅逐艦隊、巡防艦隊、潛艦戰隊、水雷艦隊、勤務艦隊、兩棲艦隊、飛彈快艇部隊、海軍航空部隊、岸置飛彈部隊、觀通系統指揮部、基地指揮部、陸戰旅、海測局、海發中心。

海軍各艦隊爲行政編組，因爲海軍技術性高，每種軍艦後勤需求不同，同類艦艇編制於同一單位易於維修保養。有任務時則以「特遣支隊」型態，從各艦隊抽調艦艇執行，接受艦隊司令部指揮。

主要武器裝備：飛彈巡防艦、飛彈驅逐艦、飛彈巡邏艦、飛彈快艇、掃(布)雷艦艇、潛艦、定翼反潛機、旋翼反潛機、兩棲艦艇、登陸載具等。

中華民國空軍概述

空軍編組：空軍總司令部下轄作戰司令部、後勤司令部、防砲警衛司令部、教育訓練暨準則發展司令部、基地指揮部、戰術戰鬥機聯隊、混合聯隊、戰管聯隊、通航聯隊、氣象聯隊。

空軍戰略單位是聯隊。作戰任務由空軍作戰司令部指揮。

主要武器裝備：經國號（IDF）、F-16、幻象 2000-5 等戰機及天劍二型飛彈等。

【國軍武器系統小檔案】

F-16 配備電腦提昇

2002 年 7 月，美國同意協助提升我空軍 F-16 戰機的任務模組電腦性能，由原先的 MMC-3000 型提升為 MMC-3051 型。

提昇 F-16 電腦系統的目的，是因為目前使用的 MMC-3000 型無法加裝 LINK-16 系統。LINK-16 系統是個資料鏈，可以透過電腦傳送資訊。裝設之後可將戰場即時資訊傳送至各指揮中心，是戰場數位化的基礎。能大幅提昇我海陸空聯合作戰能力。

我空軍 F-16 更新後的電腦系統將與美軍現役類似或同等級。

建議記憶或理解的問題：

一、軍事戰略的定義爲何？
二、我國當前的軍事戰略爲何？
三、地面作戰包括哪些作爲？
四、我陸軍的戰略單位爲何？空軍的戰略單位爲何？

建議思考的問題：

當前我國軍事戰略強調「拒敵境外」，請問：如果能拒敵境外，爲何還需要「全民防衛」？有限的國防經費是要整建拒敵境外的兵力，如潛艦、神盾艦、高性能戰機，還是要投入全民國防的建設經費？你是否能理解其概念的衝突，並設法透過有效嚇阻的概念取得和諧？

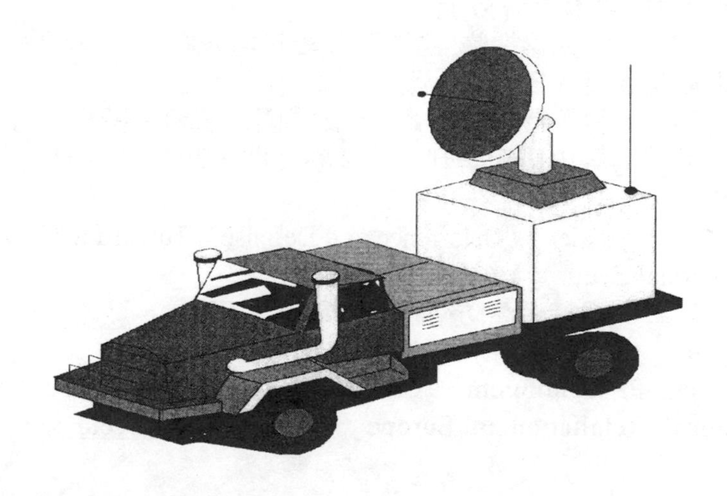

【註解】

[1] 中華民國國防部《民國九十一年國防報告書》，「第二篇 國防政策」，電子化文獻：http://www.mnd.gov.tw
[2] Glenn H. Snyder，《Deterrence and Defense：Toward a Theory of National Security》，New Jersey：Princeton University Press，1961，p.3。
[3] 王文榮，《戰略學》，北京：國防大學出版社，1999，頁 21。
[4] 同前註。
[5] 梁月槐主編，《外國國家安全戰略與軍事戰略教程》，北京：軍事科學出版社，2000，頁 127。
[6] 《美國國防部軍語辭典》，台北：三軍大學編譯，1995，頁 409。
[7] Strategy and Force Planning Faculty，《戰略與兵力規劃（下）》，台北：國防部軍務局譯印，1998，頁 86。
[8] 中華民國國防部《民國九十一年國防報告書》，「第三篇 國防資源」。
[9] 中華民國國防部《民國九十一年國防報告書》，「第一篇 國際安全環境與軍事情勢」。
[10] 「華美軍售 武器採購 國防預算擬年增 600 億」，聯合報，民國 90 年 5 月 5 日，第 1 版。
[11] 陳偉華，「從『戰略嚇阻』論台灣『國防戰略』發展上的兩難」，戰略與國際研究季刊，第 2 卷 2 期，2000 年 4 月，頁 77-79。
[12] Glenn H. Snyder，《Deterrence and Defense：Toward a Theory of National Security》，pp.4-5。
[13] 陳偉華，「建構台灣防衛性嚇阻戰略之研究」，戰略與國際研究季刊，第 3 卷 4 期，2001 年 10 月，頁 82-83。
[14] Sameul P. Huntingotn，「Conventional Deterrence and Conventional Retaliation in Europe」，International Security，Vo

l.8，No.3，Winter 1983-4，pp.37-40。

[15] 楊志恆「台灣軍事戰略的發展與調整」，台灣國防政策與軍事戰略的未來展望 國際研討會論文集，台北，2001 年 1 月 18 日，頁 3。

[16] 楊志恆，前引文，頁 5。

[17] 林正義，「台灣安全的戰略」，謝淑媛編著《台灣安全情報》，台北：玉山出版社，1996，頁 61。

[18] 林正義，前引書，頁 61。

[19] 楊志恆，前引文，頁 11。

[20] 這是 91 年版《國防報告書》發表記者會時，負責編纂的傅慰孤將軍在回答記者提問時，對「地面作戰」概念的解釋。見 聯合新聞網 ，引自民國 91 年 7 月 24 日聯合報，http://www.udnnews.com/NEWS/FOCUSNEWS/POLITICS/919036.shtml

[21] 這是 91 年版《國防報告書》發表記者會，傅慰孤將軍回答記者提問時的論述。同前註。

[22] 民進黨政策會副研究員蘇紫雲於「決戰境外與國軍建軍備戰理念之探討」公聽會的發言。該公聽會於民國 89 年 7 月 13 日上午在立法院舉辦。

第九章

全民國防與兵役制度

本章討論兩項主題，一個是我國後備兵力的運用，即全民國防的概念；另一個則是兵役制度。在全民國防上，從「總體戰」及「全民防衛」的概念探討，並將重點放在「全民國防與高科技戰爭的衝突與和諧」上，以理解高科技戰爭下軍事專業主義與全民國防概念的衝突，以及取得和諧的方式。

第二節討論我國的軍訓制度，這個已實施 70 餘年的制度已成為中華民國教育的特色之一，在全民國防中扮演一定角色。而中共近幾年來愈來愈重視各級各類學校的國防教育，並視為全民國防基礎的作法，我們不宜忽視。

在兵役制度上，近年來改採募兵制的呼聲不斷。國防部在 91 年版的《國防報告書》中回應以未來趨勢：募兵為主，徵兵為輔。本節描述現代徵兵制的緣起以及西方各國逐漸向募兵制調整的現象，探討徵兵及募兵制的優缺點，更以日本為例，研判我國實施募兵制後可能遭受的問題。最後再探討社會役(兵役替代役)，使讀者對我國兵役制度的全貌有完整理解。

全民國防的概念與實踐

中華民國 89 年 1 月，立法院通過「國防法」，其中第三條明定：「中華民國之國防爲全民國防」；但全民國防的定義爲何卻沒有界定。要理解全民國防的概念，我們先從「總體戰」談起。

總體戰

第一次世界大戰後，前德國參某總長魯登道夫（Erich Ludendorff）將軍對剛結束戰爭的特性做了如下描述：

軍隊及艦隊們採用以往的方式進行對抗，但展現強大的武力卻是前所未見的。與以往不同的是，人民全力支持軍隊。嚴格的說，在這場戰爭中，我們很難區分前方及後方；因為人民與軍隊已合而為一。更恰當地說法是，人民參予了這場人民的戰爭。

這概念就是總體戰的濫觴。十五年後，魯登道夫在其所著《總體戰》一書中更明確描述他所預見的未來衝突：

如果在第一次世界大戰中，敵人的軍隊是在遼闊的區域裏作戰，今日的戰爭將延伸至交戰國的境內。人民與軍隊一樣，直接受戰爭的影響。……總體戰不僅是以軍隊，亦是以人民為目標，它已經不可避免的活生生存在於這個世界。

魯登道夫的箴言清楚勾畫出廿世紀上半葉兩次世界大戰的基本特點：總體戰。在這種與以往不一樣的戰爭中，**交戰國均致力於動員所有部隊與資源以供戰爭之用**，[1]因此戰爭成爲國力的競賽，而不再只是軍隊間的對抗了。

要擊敗具備總體戰能力的國家是很困難的，因爲她能動員全國國力。只要國力足夠，縱然擊敗其常備部隊，後備部隊也可以在完成動員後源源不絕地投入戰場。我國對日抗戰就是最明顯的例子。日軍以其先進的工業能力，日俄戰爭中擊敗俄國的餘威，戰力迥非仍處於農業時代的國軍可比（以現代觀念來說，可視爲尚未轉型成功的第一波軍隊與第二波軍隊間的對抗）。戰爭初期以摧枯拉朽之勢迅速攻抵武漢。淞滬會戰中，國軍 70 個師無法抵擋日軍的 10 個師團；而且傷亡卅三萬餘人，日軍則僅四萬餘人；傷亡比高達八・三比一。[2]但中國動員全國國力，終於抵擋日軍攻勢，八年後還獲得最後勝利。

總體戰概念經過第二次世界大戰後半世紀的演變，逐漸成爲「全民國防」。基本概念就是「以國防武力爲中心，以全民防衛爲關鍵，以國防建設爲基礎」[3]的國防型態。動員全國國力以從事戰爭的概念雖然沒有改，但重點已轉變爲強調民眾防衛本身，不再只是軍事武力的附屬品而已。

全民防衛

戰爭會損害平民生命及財產，作戰當然不純粹是軍人的事；平民不是只有從軍成爲軍人才能從事戰爭，平民本身就可以對戰爭有所貢獻。甚至不只在戰爭之時，有效的全民防衛平時就可以發揮強大的嚇阻與防衛力量。因爲任何對假想敵武裝力量的評估，都必須將全民防衛的力量計算進去。瑞士、瑞典等國家民防力量之強，被評估爲是能確保中立的主要因素之一。正如歐洲學者 Gene Sharp 在所撰《全民防衛》(Civilian-Based Defense)一書中指出：

雖然在此時此刻不可能有效的處理某些意外事件；全民防衛卻至少可以替代軍事手段，在嚇阻與防衛方面作出巨大的貢獻……以及最低限度它能夠在未來的防務政策中[4]發揮一種重大作用。人民的力量能夠最後證明是最強大和最安全的防衛體系 － 一種後軍事行為的防務。

全民防衛與總體戰並非完全相等的概念，全民防衛強調人民的力量本身，總體戰則強調由人民力量轉變爲軍事力量的機制。但同樣都是全民國防的基礎。89 年版《國防報告書》敘述全民國防的目標爲：[5]

追求全方位的國防、全民參與的國防、總體防衛的國防、全民信賴的國防。

91 年版的《國防報告書》則列舉了全民國防的目的：[6]

一、建構完整動員法制體系，確立工作推動依據。

二、激發全民參與國防事務研討風潮，培養全民國防共識。

三、落實各級行政動員會報功能，掌握戰爭潛力，有效支援防衛作戰。

四、強化軍事動員整備，建立可恃戰力。

五、納動員於施政，寓戰備於經建，確使國防與民生合一。

六、編管武裝及民防團隊，納編作戰序列運用。

其中前五項大致屬於總體戰，但第六項則屬全民防衛範疇。

全民國防與高科技戰爭的衝突與和諧

探討全民國防容易引起一個普遍的誤解。就是在當今高科技戰爭型態中，全民國防是否仍有其意義？

這問題是很深刻的。民防概念最興盛的時候是冷戰時期。因爲面對核子武器的威脅，在無法採取主動防禦摧毀對方飛彈的情況下，只好尋求被動防禦減少損失。因此訓練民眾，教導以避難方式；組織民眾，戰時以維持秩序；被視爲減少核武攻擊損失的有效手段。高科技戰爭中精靈武器出現，以攻擊對方 C^4 ISR 的節點爲目標，殺傷平民機會減少；戰爭過程簡單迅速，後備部隊也許還來不及動員戰爭就已經結束。以台澎防衛作戰爲例，一般均認爲具有「預警短、縱深淺、決戰快」的特質，必須經過動員程序的全民國防能即時發揮作用嗎？

91年版《國防報告書》有關國軍部隊「願景」的敘述，即說明國軍對此一問題的認知與解決之道：[7]

（一）現代戰爭已從單純的軍事行動，發展成整個國力、軍力、民力的綜合行動，故運用「群體性防衛」之觀念，藉全民的支持，以蓄養強大的後備動員戰力。

（二）臺澎防衛作戰之特質在：預警短、縱深淺、決戰快，故後備動員須依未來戰爭型態，建置「立即動員、立即作戰」之制度。

這是企圖透過對動員制度與程序的精進，以解決即時動員的問題。若以台灣傳播與交通發達的程度而言，只要有良好的資訊及後勤管理，有機會在第一時間傳播訊息、集合應召人員並予以武裝。國軍以此爲願景，表示仍有努力空間。

另一個可能的衝突，是高科技戰爭中武器系統的複雜性，並非偶而接受召集訓練的平民所能熟練，動員來的後備軍人既不能操作高科技武器，如何應付高科技戰爭？這是軍事專業主義與全民國防概念的衝突。

此一概念的衝突，可以從兩個觀察面向尋求和諧。第一個面向是國軍運用後備兵力的方式：

國軍在「精簡常備，廣儲後備」的政策指導下，常備部隊員額將持續精簡，故須強化後備動員戰力，以保持國軍之整體戰力常數；而為確保後備動員戰力之可恃性，國軍則本著「科技先導、常備打擊、後備守土」之理念，精

實後備部隊之編組、訓練與裝備整備，以強化動員能力，及時支援軍事作戰。

後備部隊確實難以操作高科技武器，因此在防衛作戰中扮演消極角色，在少數常備部隊的配合下負責守備或防禦；積極的攻勢行動則由常備部隊負責。如此就不會將具有強大打擊武力的常備部隊浪費在被動的防禦作戰中，使用較傳統武器的後備部隊也能在戰爭中有所貢獻。

另一個面向是高科技戰爭所特有的「資訊重心」。透過電腦、網路建立的指、管、通、電、情、監、偵（C^4 ISR）各節點，已經成爲高科技戰爭的重心（center of gravity）。所謂「重心」，依據克勞塞維茲的見解，是指：**一切動力和運動的樞紐，所有一切事情都依賴於其上。**[8]重心擁有其他事物對其的「依賴性」，重心一旦被毀，整個戰爭機器都將無法運作。這也是國軍軍事戰略將先制攻擊目標設定爲敵方指、管、通、電、情、監、偵各節點的理由。因爲重心是戰爭中「**我們所有一切力量應指向之點。**」[9]

對資訊重心的攻擊與防禦，未必需要傳統的軍事訓練，民間電腦公司軟體工程師經過簡單的指導，在資訊戰中的戰力或許較軍職同行不遑多讓。因此當戰爭的科技層次愈高，平時培養於民間高科技公司的後備戰士，愈能在戰爭時支援常備部隊，扮演決定性角色。所謂「納動員於施政，寓戰備於經建，確使國防與民生合一」就是這個意思。

除此之外，全民國防中「精神動員」功能也不可忽視。因爲透過精神動員，能使國民對國家產生自豪感，建立願意爲國家而戰的意志。精神動員並非短時間或者在戰爭即將爆發時才啓動，而是植根於平時的政治社會化過程。因此如果平時疏於教育、實習與演練，戰時無法發揮作用。精神動員的重要性，與戰爭型態是傳統亦或高科技並無區別。

全民國防之實踐

全民國防的法源依據是民國 90 年 11 月 14 日公布的「全民防衛動員準備法」。這是取代以往「國家總動員法」的法案，內容符合我國現狀，並對全民國防的實踐有了更前瞻與務實的規範。

【動員任務區分】

實踐「全民國防」的具體作爲就是全民防衛動員。區分爲兩個階段：

（一）動員準備階段：

依「全民防衛動員準備法」，結合各級政府施政作爲，先期完成**精神、人力、物資經濟、財力、科技、交通、衛生及軍事**等七項動員準備，以厚植動員潛能，並配合災害防救法支援災害防救。

（二）動員實施階段：

依「緊急命令」，實施全面或局部動員，將國家總體經濟潛力，轉換成實質戰爭能力，以支援軍事作戰及緊急危難，並維持公務機關緊急應變及國民基本生活需要。

【動員機制】

至於如何動員，則區分為「行政動員」與「軍事動員」兩各子系統。

（一）行政動員系統：經由各中央機關與地方政府整合戰時所需資源。

（二）軍事動員系統：將行政動員整合的資源，透過軍事動員系統予以有效運用，以達成作戰任務。

【全民戰力綜合協調組織】

全民戰力綜合協調組織是融合「行政動員」與「軍事動員」兩個子系統的介面。整合作戰地區內民間的人、物力，建立「全民防衛」支援作戰力量；同時也作為地方處理災害救援事宜之政治、軍事、民間之連繫機制。

平時以「全民戰力綜合協調會報」型態，執行民、物力動員準備之調查、編管、簽證、演訓等事項。戰時或災難緊急應變時，轉換為「全民戰力綜合協調中心」，統籌調度軍、政間之人力、物力資源。

共分三級，分別是「臺閩地區」、「作戰區、直轄市」、「縣(市)」戰力綜合協調會報。

我們注意到「全民戰力綜合協調組織」並不僅在戰時發揮作用，災難或緊急應變時同樣可轉換成「全民戰力綜合協調中心」以整合政、軍、民的力量以緊急應變。事實上，在綜合性國家安全概念下，管理地震、颱風、水、旱……等天災的機制等級應該很高。因爲天災帶給人民的生命財產的損失不見得低於戰爭等人爲災難，甚至更高。從危機處理的角度應付這些災難是進步的做法。

全民國防下的學生軍訓

依據「全民防衛動員準備法」第 14 條：

為宣揚全民國防理念，精神動員準備分類計畫主管機關應結合學校教育並透過大眾傳播媒體，培養愛國意志，增進國防知識，堅定參與防衛國家安全之意識。直轄市及縣（市）政府並應納入施政項目，配合宣導。

為結合學校教育增進國防知識，教育部應訂定各級學校軍訓課程之相關辦法。

依據此法，我國軍訓制度或將展現與以往不同的面貌。本節探討軍訓教育在全民國防下扮演的角色。

軍訓制度的源起

我國軍訓制度我國軍訓制度基本上模仿德國，正如導師制度模仿英國、輔導制度模仿美國一樣，都有其時代背景。民國初年國勢衰弱，有識之士見國民精神不振，於是效法德國實施軍訓，希望像日本一樣，在軍國民制度引進後國勢能迅速強盛起來。軍訓制度於是在民國 17 年後逐漸建立。

學生軍訓的基本精神既然源至德國，就與德國的總體戰構想密是不可分。青年學生是動員的主要部份，也是最容易訓練並貫注國家精神的一個階層。若追究其更原始的構想，其實來自拿破崙戰爭時期。當時英國面對法國的強大軍事壓力，為了強國強兵，各大學就有軍事訓練的構想。1803 年，劍橋大學成立了軍官訓練團(Ca-mbridge University Officers' Training Corps，CUOTC)，開啓西方大學學生軍訓的歷史。至於美國大學的預備軍官訓練團(ROTC) 也已存在近百年，對美國建軍備戰的貢獻一向備受肯定。

西方大學的軍官訓練團與我國軍訓制度其實又不盡相同。以美國 ROTC 爲例，主要是藉民間大學協助訓練軍官，以補強軍校訓練的不足。因爲軍校出身的軍官難免在價值觀趨向統一，如此雖有管理方便的優點，但在諸多事務上將因此缺乏創造力。ROTC 培養的軍官由各大學出身，價值多元，可矯正軍校生「近親繁殖」的弊病。

我國的軍訓制度則是普遍對高中及大學學生實施。從民國四 0 年代以來的軍訓制度就是總體戰的一部份。學生一入學就納入編組；除少部分準備在戰時支援軍方的「戰時服勤」外，一部份回鄉組織學生隊伍，接受地方政府指揮；另一部份則由學校編組成自衛團隊，負責自衛戰鬥、宣傳、生產、運輸、救護……等工作。各教官除擔任軍訓教學外，也是戰時在校長指導下爲各學生隊伍的領導人。學校是個類軍事組織，教官對學生實施軍事生活管理。當時女學生所學護理課程因此以戰場急救爲主，一直到民國七0年代仍經常實施各項演練。

軍訓體制的轉變是兩岸關係開始和緩之後。戰爭威脅逐漸淡薄，軍訓的價值也開始受質疑。不但學生「軍事生活管理」轉變成「生活輔導」，社會各界也開始出現「教官退出校園」的呼聲，認爲學生軍訓在解除戒嚴及動員戡亂後已無存在價值；這些爭議在民國七0年代後期開始，八0年代中達到顛峰，迫使學生軍訓制度進一步轉型，尤其在大學校園中，教官逐漸不再擔負學生輔導工作，僅負責軍訓教學與校園安全。而且在不同大學中有不同面貌，在學校自主下呈現多元化發展。

軍訓制度在全民國防中的功能

從教育觀點看大學軍訓制度的存在價值，主要是在「國防通識」上。軍訓在大學中可視爲國防通識教育。大學通識教育的目的在培養「完整的人」(whole person)，在使學生能有效的思考，能清晰的溝通思想，能明確的判斷是非，能辨識普遍性的價值；也就是具有較卓越的能力以解決生存(survival)的問題。國防通識教育就是培養學生具備足夠的能力，去解決人類社會中衝突與戰爭的問題，沒有理由排除於通識教育課程之外。

但這種觀點並不能說明軍訓課程之所以必修的理由，因爲通識教育必須尊重學生選擇的自由。因此學生軍訓必須在全民國防的架構下思考才能突顯其價值。

接受過軍事訓練的學生，無論行爲與思維方式都會與一般學生不同。我們可以看到學生經過高中階段的軍事訓練後，在團體行動時無論集合、行進都能自然的顯現某種秩序。大學中許多社團在舉辦戶外活動時也往往仿效軍事管理，設置值星官、編組班隊並以權威訴求引導活動進行。這些活動方式幾乎是台灣地區大學社團的獨特傳統，成爲大學生活經驗的一部份。這說明了學生已經從軍訓中學習到團體生活的領導方式並且願意被領導。

學生透過國防通識教育可以認識戰爭、理解國家安全的涵義、熟習中西兵學思想、瞭解國防知識及國防科技發展現況等。這些知識、技能或對軍事情境的體認，無論畢業後進入社會各領域，或仍就讀於高中及大學，戰爭時都能發揮獨特作用，成爲全民國防的支撐。至於平時，則成爲全民國防理念的支持者或實踐者。

或許這正是海峽對岸的中共，對學生實施軍事訓練感到興趣的原因。1997 年 3 月，中共通過了「國防法」，其中第 42 條規定「**學校國防教育是全民國防教育的基礎，各級各類學校應當設置適當的國防教育課程**」，並於 2001 年 4 月訂頒「國防教育法」，明定各級與各類學校執行國防教育的權責。無論是以敵爲師或爲鑑，中共對國防教育的重視並視爲全民國防基礎的作法，不宜忽視。

兵役制度的探討：募兵還是徵兵？

民國 91 年版《國防報告書》中有一項重要的政策宣示，對我國兵役制度未來發展將產生非常重要的影響，必須注意：[10]

國軍人才招募政策，未來勢必走向專業化與職能化，故在人力需求比例上，必須招募更多素質較高，且屬中、長役期之志願役人員，並輔以少量短役期之義務役士兵。國防部將以三年為期程，以高中職學歷青年為對象，選定陸軍摩步營、陸戰隊步兵營、空軍警衛營各一，試辦指職士兵甄選，並逐年檢討成效，以驗證招募士兵之可行性；如實驗評估成效良好，將持續辦理，並逐年調升招募士兵（志願役）比例。屆時將使徵兵比率降至 40%，逐步走向以「募兵制」為主、徵兵制為輔之兵役制度，以利戰時軍民全員動員，達成保家衛鄉之全民國防任務。

這段宣示說明了我國兵役制度將由徵兵制」(conscription 向募兵制(enlist)調整。從歷史觀點來看，兵役制度的改變是關係國家發展的大事，影響人民生活甚鉅，不宜等閒視之。

現代徵兵制的起源

現代徵兵制的起源是十八世紀末期的法國大革命。1793 年 2 月 24 日「國民會議」頒布法令規定，從單身漢、鰥夫或已婚無子女的男士中徵召卅萬人。8 月 21 日，更進一步頒布法令，號召全民入伍，規定「全體法國人均須服兵役」：

青年人將投入戰鬥；已婚男子鑄造兵器及運送物資；婦女縫製帳棚、軍服及至軍醫院服務；孩童們將舊布拆成紗團；老年人到公共場所激勵戰士們的勇氣、激起對王室的仇恨，並團結共和國。

當時所有青年、單身漢及 18 到 25 歲無子女及鰥夫均接受徵召，國民議會於是組成一個將近 75 萬人的軍隊，這是那個時代從未有過的龐大數量。[11]

徵兵制度使法國擁有一個龐大的軍團。19 世紀初，拿破崙能夠統率法軍橫掃全歐洲，成爲皇帝並建立其龐大帝國，除了他個人在戰略及戰術的卓越修養外，徵兵制度提供的龐大人力資源也是他成功的主要原因。因爲軍隊實在太龐大，以往的軍隊組織已不能順利指揮，拿破崙於是設計「師」(division）的編制；爾後更在「師」之上成立「軍」(corps）。不久後，歐洲各國紛紛仿效，法軍優勢才逐漸喪失。

一直到目前爲止，世界主要國家仍以徵兵制爲主；實施募兵制的國家在面臨戰爭也會改爲徵兵制。事實上，徵兵制與募兵制並非完全互相排斥，各國實施時通常都會有某種程度的混合。譬如我國雖實施徵兵制，但大多數的軍事幹部卻是志願服役；再加上社會替代役的設計，世界上沒有兵役制度完全一樣的國家。如果我們以國民是否有強制服兵役的義務，作爲區分兵役制度的標準（沒有強制服兵役的義務者爲募兵制，否則爲徵兵制），也不考慮社會替代役的狀況，那在 1996 年世界各主要國家的兵役制度如附表 9-1。不過，由於國際形勢的和緩，軍事事務革命的出現，表列的某些國家已經開始向募兵制調整。

附表 9-1 【1996 年世界各主要國家之兵役制度】

國　家	兵　役　制　度
美國	募兵制
俄羅斯	徵兵制
英國	募兵制
法國	徵兵制
德國	徵兵制
義大利	徵兵制
印度	募兵制
中共	徵兵制
北韓	徵兵制
南韓	徵兵制
埃及	徵兵制
以色列	徵兵制
日本	募兵制

參考資料：

《1998 日本防衛白皮書》，台北：國防部史編局譯印，1999。

維持徵兵制的理由

我國有意由徵兵制爲主，募兵制爲輔的兵役制度，逐漸過渡到募兵制爲主，徵兵制爲輔。在討論這個選擇之前，我們必須先理解維持徵兵制的理由。

主要的理由當然是軍事上的。徵兵制可以帶來龐大的兵源，編組大軍。對從事戰爭而言，兵力愈多愈好；因爲兵力愈多愈可以採取安全性高的戰略，愈不必冒險。同時，服兵役既然是義務，不必付太高報酬，可以用較低的財政負擔維持大軍。

除此之外，服過兵役的公民已具備軍事基礎，戰爭動員時不需要太多的訓練，是全民國防的基石。

除了軍事利益外，兵役制度有其社會層面的影響，可視爲徵兵制的附加利益：

（一）服兵役是辛苦而耗費時間的，如果戰爭，更有犧牲生命的危險。但國家必須要有軍人維護安全，因此守法公民就有分擔兵役的義務，這是公民軍隊的理想。所以就公平性而言，徵兵制是最好的制度。

（二）另一方面，既然服兵役是公民的義務，可透過嚴格的軍中生活，以社會實驗的方式，將年輕人訓練成具有現代公民的意識、社會服務的責任感及道德觀，這就是所謂的「社會工程」(social engineering)。

（三）多元族群社會中，軍方可扮演社會整合(social integration)或民族塑造(nation-building) 的角色。將不同族群的人置於實驗室般的軍隊生活，有機會從袍澤之情培養出跨越族群的共同意識。這是徵兵制的功能。

（四）募兵制下文人的國家領導者沒有兵役經驗，或者不了解軍中特有的文化與利益，或者對國防事務缺乏興趣，都可能產生文武決策者之間的鴻溝。

（五）徵兵制還有另一種利益：可以打破職業軍人與世隔絕的傾向，防止軍方坐大、甚至於發動政變。這在落後國家中是種普遍現象。

實施徵兵制雖然有足夠的軍事及社會支撐，但會向募兵制過渡必然有其原因；以下我們探討改行募兵制的理由。

改募兵制的理由

1996 年 2 月，法國國務委員會決定改革兵役制度，自 1997 年 5 月 1 日起正式取消義務兵役制，實行志願兵役制；規定凡 1979 年 1 月 1 日後出生的青年，可自行決定是否服志願兵役，服期爲 9 到 18 年。

這是一個具有指標意義改變。首創現代徵兵制的國家改成募兵制，正宣示一個新時代的來臨。

事實上，兵役制度與國家面臨威脅的強度息息相關。戰爭的可能性愈高，採行徵兵制的誘因愈強，反之愈弱。戰爭時期國家動員都是全面徵兵，而當戰爭的陰影淡薄時，廢除徵兵制的呼聲就高。因爲役男服役期間機會成本太高，如果投入其他生產事業，可以創造更高價值。

這種現象直接反應到世界各國的國防政策上。以歐洲爲例；冷戰終止，結束戰爭陰影，全球化時代的來臨，更使人類對和平的信心大增。許多原本採行徵兵制的國家開始改變。到 2001 年底止，已開始實施募兵制的國家包括：法國、義大利、西班牙、葡萄牙；決定改採募兵制的國家包括：俄羅斯、保加利亞、匈牙利、烏克蘭、土耳其。[12]

改採募兵制另一個軍事上的理由，是高科技戰爭時代「精兵主義」的趨勢。一方面工業化訴求大而無當的軍隊已無法應付高科技戰爭的需求，量小質精的數位化武力才是未來趨勢；波斯灣戰爭充分證明這一點。二方面各國軍事事務革命的結果，武器系統愈益精密複雜，義務役服役時間太短，難以熟練高科技武器。要編組能應付高科技戰爭的數位化部隊，必須長期服役的專業軍人才可以。

至於在社會層面，募兵制未必完全不利。事實上，徵兵制強迫服役損害人民相當程度的自由；在戰爭威脅下，愛國主義可以驅使公民願意犧牲；但當戰爭威脅不再，強迫徵兵難免引起國民怨懟。就經濟層面，募兵員額將遠較徵兵爲少，大多數青年可以在專業領域上充分發揮，不必因兩年役期延誤發展機會，可以提高國家整體競爭優勢。對財政負擔而言，募兵制雖以較高待遇爲誘因，但因員額低，反而可以解省國防經費。[13]

決定當前兵役制度的判準，應該以軍事因素爲優先。奠基於工業時代的徵兵制度的確經不起資訊時代的考驗。當夜視鏡、無線通話器甚至隨身電腦都成爲步兵戰士的標準配備時，戰鬥單位的整體戰力已經較以往倍增，國家不需要那麼多部隊；也無法使一般國民在服役的兩年期間就培養出能應付各種不同狀況的專業能力。就趨勢而言，募兵制取代徵兵制顯而易見。

募兵制可能遭遇的問題

如果不是在中共武力威脅下，募兵制取代徵兵制的爭議將遠較目前爲低。有中共武力威脅的陰影，我國就必須較一般國家募集更多部隊，而這才是主要問題所在。

以社會型態與我國最類似的募兵制國家－日本爲例，1998 年 3 月編制員額 272,358，現有員額 242,640，編現比 89.1%，其中空軍 96.6%，海軍 95.8%，陸軍 85.3%，178,007 編制員額中，現員 151，836。[14]這還是「最近受失業嚴重影響，應募人數全般而言，有增加趨勢，情況也相當順利」[15]。如果以 1994 年爲例，空軍編現比 93.6%，海軍 93.4%，陸軍 81.2%。其中軍士官還不錯，三軍都在 96%以上；最差的是陸軍士兵，只有 56.6%，編制 71,827，現員 40,645。[16]

日本自衛隊員的待遇比同級的公務員高。除一般待遇相同外，並有服勤加給、傷病給付及主副食加給。[17]

日本人口一億兩千五百萬，如果募集 **27** 萬兵員都不易達成目標，以台灣地區二千三百萬人口，將可能募集多少兵員？何況在中共武力威脅下，若低於當前 30 萬兵員的一半以下，都將影響「有效嚇阻，防衛固守」戰略的達成。

較妥善的制度就是募兵爲主，徵兵爲輔；換言之，類似美、日、英的全募兵制將不可行。有徵兵的基礎，我國才可能在當前環境下募集足夠的志願役專業軍人，編組數位化部隊以應付可能發生的高科技戰爭，達到有效嚇阻的目的。至於所徵兵員則可擔任非軍事任務；換言之，社會替代役將是一個相當重要的配套措施。

社會替代役

所謂「社會替代役」，是將人民服兵役的義務轉爲促進公共利益或社會服務的制度。廣義的替代役包括：警察役、民防役、國防科技役、社會役、非武裝後勤役及海外服務役等等。社會役的理念是源於基督教及人道主義者之所謂「良知拒服兵役」，重視保障人民的宗教權及尊重役男不執武器之宗教良知抉擇。將良知拒服兵役者編入軍隊後勤役，或指派擔任社會工作。在 1950、60 年代逐漸在歐洲各國形諸法律，成爲國家制度。

一般而言，歐洲各國實施社會役制度有如下的優點及價值：[18]

（一）落實保障人民宗教信仰的基本權利。
（二）提供國家重大建設之人力。
（三）提供社會福利服役之人力。
（四）增加役男參與社會工作之機會。
（五）落實精兵主義之精神。
（六）實現實質之兵役公平原則。

我國兵役替代役是從民國 89 年 7 月開始實施。主要考慮因素是爲解決國軍實施「精實案」後，兵力目標降低，產生兵員過剩的問題，基於有效運用人力與維護兵役公平之考量，以「兵役爲主，替代役爲從」，秉持「不影響兵員補充」、「不降低兵員素質」與「不違背兵役公平」等立場原則而實施。[19]主要法源，爲民國 89 年 2 月 2 日公佈的「替代役實施條例」。其種類區分爲：

一、社會治安類

（一）警察役
（二）消防役

二、社會服務類

（一）社會役
（二）環保役
（三）醫療役
（四）教育服務役

三、其他經行政院指定之類別

（一）外交役
（二）社區營造役
（三）水利役

替代役的申請以自願爲主。但爲顧及兵役之公平性，避免人數過多妨礙兵員補充，超過名額則採用抽籤方式。同時，如果徵兵體檢爲常備役體位，申請服替代役需較常備兵役期延長四至六個月。如果是替代役體位則與常備兵役其相同。如果因宗教信仰且基於良知而服替代役者免抽籤，但役期較常備兵役期延長二分之一。

社會替代役的實施是我國兵役制度上的進步，也標示人權受到尊重。目前實施狀況仍有缺失，未來成敗與影響仍在評估中。然而這是我國整體兵役的一環，實施成效將牽動未來兵役制度的變革，有待我們繼續關注。

建議記憶或理解的問題：

一、所謂總體戰的意義爲何？
二、總體戰與全民防衛有何區別？
三、全民防衛動員區分爲幾個階段？任務爲何？
四、美國的 ROTC 制度與我國軍訓制度有何區別？
五、實施替代役如何不影響兵員補充，其措施爲何？

建議思考的問題：

我國改採「募兵爲主，徵兵爲輔」的兵役制度後，是否會影響後備兵力的培養？是否與「全國國防」概念衝突？你對解決之道的建議爲何？

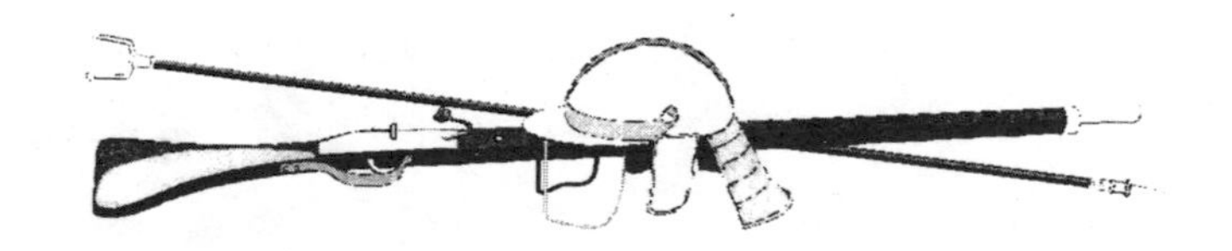

頁 401。

[15] 同前註，頁 276。

[16] 《1994 日本防衛白皮書》，台北：國防部史編局譯印，1995，頁 364。

[17] 《1998 日本防衛白皮書》，頁 249。

[18] 蘇顯星，「探討歐洲『社會役』成效以檢討現行兵役制度」，役政特刊，第八期，民國 87 年 5 月，頁 49~50。

[19] 中華民國國防部《民國八十九年國防報告書》，頁 207。

第十章

軍事互信機制

本章討論「軍事互信機制」。這是個引用西方冷戰時期，為避免誤解誤判而發生不預期戰爭，所設計的「信任建立措施」概念，為降低兩岸武裝衝突危險所創造出來的構想。民國 91 年版《國防報告書》明確將之列入「國防重要施政」中。希望透過兩岸建立制度化的「軍事互信機制」，以追求台海永久的和平。兩岸「軍事互信機制」算是相當新，而且對未來國家安全發展相當重要的概念，所以列專章探討。

本章除介紹西方「信任建立措施」實施的經驗，也檢視中共對「信任建立措施」的立論與實踐成果，分析中共行為的特色，以研判其在建立兩岸軍事互信機制上所可能採取的做法。中共強調軍事互信必須透過「結束敵對狀態」的談判，而「結束敵對狀態」又必須在「一個中國」的前提下進行。這使兩岸軍事互信機制陷入必須政治同意的困境。但是否因此而使兩岸軍事互信機制的前景悲觀？以西方信任建立措施的經驗，雙方在互不信任下，從概念到實踐經過數十年的時間，才取得相當成果。只要現實上確有需要建立某種機制以避免不預期戰爭，政策終必採行。兩岸建立軍事互信機制確有實際需要，只是要有足夠時間以建立互信而已。

軍事互信機制與信心建立措施

兩岸間建立制度化的「軍事互信機制」，以追求台海永久和平，是近年來我國國防政策的主軸之一。民國 91 年版《國防報告書》明確將之列入第六篇「國防重要施政」之第六章「軍事交流」中，並提出具體實踐的構想。這是個具衝突管理概念，本質上屬預防性國防的措施，直接關係兩岸軍事互動。如果能順利推動對我國家安全將有莫大助益。

「軍事互信機制」其實是我國針對台灣海峽的軍事對峙，爲謀求降低兩岸武裝衝突的危險所創造的構想，英文翻譯爲 military confidence mechanisms。[1]基本概念來自西方的「信心建立措施」(confidence-building measures, CBMs。意指透過某些安排（arrangements)，增加對彼此行動的可預測性，確定對方意圖，以減少誤判避免衝突發生。這些安排本身雖不一定是軍事性，但與軍事有關，而且預期達到軍事效果。

信心建立措施的緣起

所謂「軍事互信機制」可視爲軍事性的「信心建立措施」。「信心建立措施」的詞彙首次出現在 1973 年 1 月，比利時與義大利提交給在赫爾辛基召開的「歐洲安全合作會議」(Conference on Security and Cooperation in Europe，CSCE）預備性磋商會議的建議中。「歐安會議」於 1975 年簽訂「赫爾辛基最後議定書」(Helsinki Final Act)時正式納入。當時並沒有明確的概念界定。直到 1983 年，挪威國防部長霍斯特(John Jorgen Holst)才在一篇專文中定義：

加強雙方彼此在心理上和信念上更加瞭解的各種措施，主要目的在增進軍事活動的可預測性，使軍事活動有正常規範，並藉此確定雙方的意圖。[2]

這個定義僅限軍事措施，較爲狹義。到目前爲止 CBMs 的定義可寬到包括任何信心建立措施，廣義的指：

一個由本身不干涉安全的政治、經濟和環境所形成無數的排列組合，但間接地比那些為特定目的而設計的措施，更能貢獻於區域的信心與安全。[3]

由這些概念可知，信心建立措施的內涵是不受限制的。可包括正式與非正式；或者由某國自行宣示某些政策，或者透過雙邊（或多邊）談判，設計某些限制性的安排。只要目的是提出預防，解決國家間不確定因素，包括軍事和政治因素以減少誤判與偶發性戰爭發生的措施都算。

依據西方的實踐經驗，「信心建立措施」可區分爲三個階段：[4]

（一）衝突避免

「衝突避免措施」(conflict avoidance measures, CAMs)是實際信心建立前的早期步驟。這種措施所需的政治資本較少。因為衝突本身顯然對各方的利益都會有所傷害，在此之後才能實行更敏感的信心建立措施。而一旦信心建立措施被迅速採用，將有助於改變政治環境。

「衝突避免措施」的特色，在避免發生雙方都不想要的戰爭以及非蓄意的情勢升高；例如設置熱線及軍事演習的事先通知便有助於達成這個目的，即使在沒有外交關係的國家間也可以採用。通常採取衝突避免措施的時機是在爆發戰爭或嚴重對立的危險事件之後。它能提供一段冷卻期供各方思考或準備下一階段的接觸。採取衝突避免措施並非希望立即建構一套完整的衝突避免與信心建立的步驟，而僅是奠定基礎的作法。

（二）信心建立

CBMs 的作法不僅在避免突發的衝突及危機，而要進一步建構彼此的信任與信心。衝突避免措施較臨時性且易於收效，但信心建立措施需要更多的承諾與實踐，才能增加透明度以取得彼此的瞭解與信任。從衝突避免過渡到信心建立的過程中，最具代表性的具體措施是在演習時，接受敵國、第三國或國際組織的軍事觀察者實地監督。

（三）強化和平

如果能克服避免戰爭的重大障礙並開始磋商和平條約，國家領導人就得以利用信心建立措施強化和平。本階段的目的在擴大並深化既存的合作形式並儘可能創造不能逆轉的積極進展。

信心建立措施的分類

信心建立措施一般可分爲下列六類：

（一）溝通性措施（communication measures）

包括國家領導人之間與軍事領導人之間熱線的設置、首長的定期溝通與對話、通訊與查證網路的成立、軍事人員及機構的交流、定期區域安全對話中心或會議的設置、危險軍事意外通報制度的建立、衝突防制中心與諮商性機制的設立等。可消除危機來臨時的緊張，也可作爲常設性的雙方表達不滿及預防危機發生的協商機制。

（二）透明性措施（transparency measures）

包括公佈國防報告書、實施國防資訊交流、預先通知對方軍事演習、開放軍事基地參觀、公佈軍事戰略意圖、公佈軍事部署等。用以促進軍事能力及軍事活動公開化。

（三）限制性措施（constraint measures）

包括限制大規模軍事演習，限制演習人員與武器、限制武器部署類別與數量、劃定軍事中立區與非軍事區等。使彼此對特定類型武器和部隊保持距離。

（四）查證性措施（verification measures）

包括演習時邀請對方觀察員現場觀察、允許對方針對相關資訊提出現場查證要求、開放空中查證所提相關資訊是否正確等。以確認或查證各國對特定條約或協定的遵守情形。

【博奕理論之囚徒困境】

美蘇雙方長達四十餘年的的冷戰，從博奕理論中的「囚徒困境」來觀察是很有趣的。

囚徒困境假設一個情境。兩名囚徒在作案後被捕，檢察官爲突破案情，將兩人隔離後告訴他們：如果只有一方認罪，那不認罪者死刑，認罪者除開釋外還能獲得高額獎金。如果都認罪，各判十年。都不認罪，兩人同時開釋。

從表面上看，兩人應該都會選擇不認罪；但隨著壓力的增加疑心會愈來愈重。對方不是傻瓜，是否會利用我方善意，謀取高額獎金遠走高飛，而將自己送上斷頭台？因此，結果往往是都選擇認罪。因爲最差的情況下也不過判刑十年；但最好的情況可以無罪開釋並獲高額獎金。

囚徒困境的關鍵是雙方無法溝通，理解對方真正企圖。它顯示人類在無法協調的情況下，有彼此不信任的天性。寧可放棄較佳策略以保護自己不被出賣。美蘇雙方在冷戰初期會進行瘋狂的軍備競賽，部署可將地球毀滅數次的核子武器，可說是陷入互不信任的囚徒困境中的結果。

（五）宣示性措施（declaratory measures）

單邊作爲，是指某國針對某一特定問題宣示己方立場；通常是爲了表達善意，建立良好的政治氣氛。

（六）海事安全措施（maritime safety measures）

指海上遭遇行爲準則的建立，救援協定的達成及聯合搜救演習的進行。[5]

西方 CBMs 的實踐經驗

西方 CBMs 的建構是個漫長而不斷累積經驗的過程，與美蘇間冷戰過程及歐安會議的發展密切相關。

第二次世界大戰後兩極對峙的國際體系，歐洲形成「北大西洋公約組織」與「華沙公約組織」兩大軍事集團的對抗。而核武的發展與冷戰的持續，更使雙方陷入核戰的恐懼中。雙方縱使無意開戰，但卻有可能在情勢緊張之際因誤判而引發戰爭。而核子戰爭的毀滅性可能使人類面臨「核子冬天」的世界末日。這種因誤解及誤判而導致人類滅亡的恐懼，使核武的發展與部署不僅不能獲得安全，反而成爲雙方夢魘。

1954 年，蘇聯提議研究防止奇襲與戰爭意外的發生。1955 年，美國提出「開放天空」建議，允許對方飛越領空監視軍事基地。但這些建議都因缺乏信任被視爲別有圖謀而被拒絕。1958 年，雙方專家在日內瓦會晤討論「奇襲」的防止，仍因互信不足未獲結論。1961 年 9 月，美國總統甘迺迪在聯合國大會提出全面限制核武方案；1962 年 4 月，再提出各方派遣軍事代表團及建立快速聯絡管道的方案。蘇聯則回應禁止兩國以上的聯合軍演及軍事行動應通知對方的建議。這些互動雖有某種解決問題的意願，但也有國際宣傳的考量。

1962 年 10 月「古巴飛彈危機」的發生是一個重要的轉戾點。雙方因一度陷入全面核子戰爭的高度危機中，而促成研究化解戰爭危機機制的決心。

1963 年 6 月，美蘇達成設置「熱線」(hotline) 協議。雙方領袖可透過有線或無線電報直接溝通以管理危機。此一熱線制度曾在 1967 年以阿「六日戰爭」、1973 年的「以阿戰爭」、1979 年蘇聯入侵阿富汗、1982 年美軍進軍黎巴嫩等事件中充分發揮作用，而化解相當危機。

1963 年 8 月，雙方簽訂「禁止空中、外太空、水下核子武器試爆條約」。1968 年 1 月，簽署「核子武器不擴散條約」。1971 年 9 月，簽訂「避免核子意外協定」。這些都屬於核子武器使用的限制。核武爲戰略武器，控制在領導人手中。這顯示此時雙方的的信心建立措施僅及於最高領導層級間。國家領導人資訊通暢、諮詢意見豐富，可以周詳考慮以應付危機。但雙方第一線指揮官間就缺乏足夠條件，以應付因部隊過於接近所造成突如其來的意外或對「挑釁」行爲的誤判。

1972 年 5 月，雙方海軍將領終於簽訂「防止海上意外協定」,這被視爲最成功的信心建立措施及最重要的作戰武器管制協定。在此之前，美國與蘇聯海軍第一線艦艇及戰機已經有多次海上遭遇而互相挑釁的經驗。雙方互有傷亡，只是爲了避免更大糾紛，各自以意外結案。此一協定以長達廿年的慘痛經驗爲基礎，建立在實際的需要之上，技術性高於政策性。所以由雙方將領簽署，而非國家領導人。主要內容爲：

（一）避免船隻相互接近及避免碰撞措施。

（二）海上活動不得妨礙對方艦隊編組。

（三）不在繁忙航道地區作軍事上的調動。
（四）對方監視船艦必須離艦隊有一定距離。
（五）雙方以國際通用電話、燈號、旗號作爲通訊工具。
（六）禁止使用探照燈照射對方船隻及艦隊。
（七）潛艇浮航時的通知。
（八）禁止飛機飛越對方船艦上空。[6]

除了上述這些美、蘇兩強間直接的信心建立措施外，歐洲「北大西洋公約組織」與「華沙公約組織」兩大軍事集團間的互動也極爲重要。

1973 年，兩大集團爲化解長期軍事對峙的緊張關係，終於決定籌備「歐安會議」。1975 年，歐安會議」正式成立並簽署「赫爾辛基最後議定書」；爲防止誤判及確保安全的 CBMs 概念終於成熟。只是在正式實施時，仍經常出現被破壞的情事。譬如 1980 年初蘇聯曾意圖騷擾波蘭的軍事演習。[7]這表示雙方的疑懼依然存在。

1980 年代後，歐安會議繼續改進赫爾辛基協定以來的 CBMs；以進一步消除雙方猜忌。1986 年簽署「斯德哥爾摩文件」，1990 年「維也納文件」。1992 及 1994 年也再修訂「維也納文件」，使歐洲 CBMs 在技術面上更爲周延與純熟。

雖然冷戰終結的主要因素是蘇聯內部的異化，但冷戰終結前東、西方已趨向和解卻是不爭之事實。CBMs 的實施的確有改變政治氣氛的效果。就這方面言，CBMs 顯然對歐洲和平的維持有重大貢獻。

【珍珠與鑽石】

美蘇冷戰的緩解可以從囚徒困境的另一種型態理解。

囚徒困境的問題是只能有一次選擇而決定一生。但人類大多數的活動其實是不斷地進行競賽，而每一次選擇的經驗都會影響下一次賽局的選擇。

假設另一個情境。一個珍珠商人很喜歡鑽石，於是與一個很喜歡珍珠的鑽石商交換。雙方言明各攜一袋到森林中交換，留下自己的袋子後，再將對方的袋子取走。

如果只有一次交易，結果就會類似囚徒困境；雙方因不信任，爲保護自己不被出賣，寧可選擇較差策略：留下空袋子。因爲最差情況不過是換不到自己想要的物品，但最好情況，可以取得自己想要商品，卻又不必付出代價。

但是如果交易要持續下去情況就會不同。因爲知道自己失信的結果將是對方「以牙還牙」；所以較好的策略反而是選擇將袋子填滿。

在這種反覆行的賽局中，雙方都會謹慎的表達善意，以促成交易成功的可能。冷戰雙方透過信建立措施，終於達成軍事對峙的和緩，可說是「珍珠與鑽石」模式的具體實現。

中共對 CBMs 的立論與實踐

在 1980 年代以前，中共對美、蘇間嘗試建立信心措施的努力並無興趣，也不支持。當時的中共基本上呈鎖國狀態，對所謂 CBMs 毫無概念。加上以軍事弱國同時面對美蘇兩強威脅的不安全感，自不可能接受西方軍事互信的觀念。對「赫爾辛基最後議定書」的簽訂，中共居然認爲是西方國家對蘇聯霸權的姑息。[8]

1980 年代中期以後，中共態度開始轉變。主因是隨著國際緊張關係的和緩與經濟發展的需要。當「中國威脅論」興起，中共開始擔憂因綜合國力的躍昇而使周邊國家對其抱有戒心，因而妨礙進一步發展。爲減少傷害，加上改革開放後已經能接受國外傳進的新觀念，中共對 CBMs 的立論有新的認知。[9]開始接受 CBMs 作爲國家安全與維護區域和平的重要手段。

中共與周邊國家的 CBMs

1991 年蘇聯瓦解後冷戰結束，中共深知 CBMs 是後冷戰時期重要的國際典則，與世界接軌就必須接受這些典則規範。但因軍事實力太弱，擔心軍事實況爲國際強權知悉而損害其國家安全。因此中共雖同意軍事透明化，但認爲「應遵循各國安全不受損原則的基本原則」；[10]同時主張「擁有最大最精良與常規武庫的國家……有義務率先公開其軍備及其部署情況」。[11]這很明顯的是針對美國而來。美國是世界上最強大的國家，所以透明化的程度必須最高；中共不能像美國一樣透明化，因爲現在中共的武力遠弱於美國。[12]這種「相對標準」除表明中共本身在軍事上的缺乏自信外，也突顯對美國霸權的缺乏信任。

至於其他週邊國家，中共對建立 CBMs 的立論則較爲自信與主動。1996 年 7 月，第三屆「東協國家區域論壇」的部長會議中，中共外長錢其琛發言時表示：

中國願意與其它週邊國家在相互尊重和平等的基礎上，逐步建立起適宜的信任措施。

1997 年 7 月「東協國家區域論壇」的部長會議中，錢其琛再提出「新安全觀」的論述：

「東協國家區域論壇」應始終從本地區的實際出發，以維護地區和平與安全為目標，以平等相待、和平相處為宗旨，以建立信任為核心，以對話合作為手段。在新的國際形勢下，應當有新的安全觀。安全不能依靠增加軍備，也不能依靠軍事同盟；安全必須依靠相互之間的信任和共同利益的聯繫。

中共會對東協國家採取如此和緩，甚至近乎討好態度，與中共面臨不利的國際環境有關。一方面，中共是當時唯一共產主義的大國，雖然採取「以經濟爲核心」的發展戰略，完全接受市場經濟，但仍強調無產階級專政及共產黨領導。「六・四天安門事件」武力鎮壓民運的紀錄，更落實對其共產專政的指控。中共必須主動採取 CBMs，才能化解疑慮爭取周邊小國的支持。

檢視中共對周邊國家建立 CBMs 的態度，因地區及其安全形勢而有所不同。「軍備透明 8 原則」中第 6 條指出：「鑒於各國、各區的政治軍事安全條件的不同，同樣的的軍備透明措施不宜強求一致，應允許有關國家根據條件許可採取有關措施」。

這表示中共無意將 CBMs 如同「和平共處五原則」般地作爲與周邊國家交往的統一標準。這是很有趣的。因爲中共雖自許爲大國，但綜合國力仍遠弱於美國、歐盟與日本之後，甚至不如俄羅斯。因此外交上一向強調理想性，以「應該如此」制約美國行動。但推動 CBMs 卻如此現實性。這或許中共與周邊國家相比仍爲大國有關。

檢視中共 1990 年以後與周邊國家建立 CBMs 的狀況如下表（附表 10-1）。

附表 10-1

地區	措施	建立時間
中亞（哈薩克、吉爾吉斯、俄羅斯、塔吉克）	溝通性 宣示性 透明性 限制性 查證性	1996/4 五國於上海簽署《關於在邊境地區加強軍事領域信任的協定》。 1997/4 五國於莫斯科簽署《關於在邊境地區相互裁減軍事力量的協定》。
南亞（印度）	溝通性 宣示性 透明性 限制性	1996/11 兩國於印度新德里簽署《關於在中印邊境實際控制線地區軍事領域建立信任措施的協定》。

東南亞（東協 10 國）	溝通性 宣示性 透明性	1994 年起 透過「東協區域論壇」；強調與東南亞各國的「雙邊性」不主張「多邊協定」。
太平洋（美國）	溝通性 宣示性 透明性 限制性 海事安全	1994/10 雙方達成定期軍事諮商交換有關戰略、國防預算、防衛計劃資訊。 1998/01 雙方簽署《關於建立加強海上軍事安全磋商機制的協定》 1998/06 柯林頓與江澤民共同宣佈「核武互不瞄準對方」。
東北亞（日本、南韓）	溝通性 宣示性 透明性	1998/11/30 江澤民與日相小淵惠三發表「致力於和平和發展的友好合作關係」；但雙方未於聯合聲明中簽字。
東亞（蒙古）	溝通性 透明性	1999/11 中共國防部與蒙古邊防軍管理局簽署了《中蒙邊防合作協定》。

從上表觀察，中共與周邊各國建立 CBMs 程度最高的是在中亞。限制性措施包括在邊境線 100 公里限制演習的規模、範圍與次數（譬如邊境西段不得超過 4000 人及 50 輛作戰坦克，2,5000 人以上的時兵演習一年不得超過一次。）並

有對不明情況提出質疑，邀請參加實兵演習的查證性措施。[13]

其次是南亞，主要的限制性措施是：限制軍用飛行器飛越實際控制線、[14]限制實際控制線的射擊及爆炸活動。但並未限制軍事演習的規模、範圍與次數；僅要求重大演習（超過一個加強旅）的類型、規模、計劃期限與人數裝備等資料需相互通報。而且缺乏明確的查證性措施。[15]

至於東南亞方面，中共則主張與各國雙邊協商，雖不反對多邊之 CBMs，但選擇性、主導性的傾向卻十分明顯。這是因爲中共不希望在主要爭議的南海問題上，東協國家形成統一戰線。[16]

其實中共相當重視東南亞。許多重要的 CBMs 論述都是在「東協區域論壇」召開的時機發表或宣告。但多年來中共並沒有與任何一個東南亞國家發展出類似中亞或南亞的較高程度的 CBMs，多僅止於宣示性、溝通性或透明性措施，具有實質意義的限制性措施始終沒有出現。

這是非常有意思的。爲何會有這種現象？在中共學者的觀點，這與東南亞國家的風格有關。它們特殊的「東協方式」（The ASEAN Way），主要特點即在對制度化的審慎態度，習慣於運用對話和不具拘束力的承諾等非正式磋商進程。[17]

但美國的學者則認爲，這是因爲中共擔心美國利用「東協區域論壇」干預中共的軍事發展。[18]台灣學者則認爲，東南亞國家對中共沒有威脅性，但俄羅斯與印度卻有，中共不願在經改階段與之發生衝突，所以願意簽訂軍事領域的安全措施；在東南亞則無此需要。[19]

無論如何，中共在東南亞建構 CBMs 的過程確實有其獨特之處，原因或許並不止單一因素。

至於在東北亞，中共顯得興趣缺缺。除了「和平共處五原則」及「和平解決爭端」的一般性宣示外，缺乏實質的溝通性與限制性措施；甚至連類似東南亞嘗試建構的努力都沒有。日本也是一個對中共有威脅性的國家。

至於美國，中共則相當努力地與之建構 CBMs；但不太成功，除了江澤民與柯林頓「互不用核武瞄準對方」的公開談話，以及互派人員觀摩對方演習的協議外，缺乏更高程度的限制性與查證性措施。關鍵似乎在美國而不在中共。2000年布希總統就任後，美國對中共的態度轉趨嚴厲。2001 年 4 月的「軍機擦撞事件」使兩國關係進入冰點；「911」恐怖攻擊事件後中共支持美國反恐，雖使雙方關係一度出現好轉，但 2002 年 3 月美國新聞界透漏的美國「核武態勢報告」，台海列入可用核武的地區之一，將中共與所謂流氓國家並列。這對中共企圖與美國發展更高程度的 CBMs 而言，算是相當大的打擊。

中共建構 CBMs 的特色

從上述中共對 CBMs 的立論與實踐經驗中，我們大致可以尋找其建構 CBMs 的一般特色，與西方 CBMs 的理論並不完全相同，可說是有中國特色。

（一）因時因地制宜

中共建構 CBMs 完全因時因地制宜，並沒有一定的標準或固定模式。在中亞與南亞，中共相當積極，但在東亞則卻不然。之所以如此，以地緣戰略的觀點解釋最爲合理。

雖然蘇聯與印度在 1990 年代前都與中共呈軍事對峙狀態，而且擁有攻擊中共的核武能力；但蘇聯崩解以及「中國威脅論」的興起，使中共主要的假想敵從俄羅斯、印度轉變爲美國及與美國結盟的亞太國家。這使中共的戰略重心從東方轉向西方。就現階段而言，俄羅斯及印度對中共的威脅性都低於美國。中共不願兩面作戰；既將戰略重心東移，在中亞及南亞就願意以積極的態度，建構高信任度，包括限制性、查證性措施的具體協定，以確保「後門」的安全。

（二）威脅性取向

威脅性愈高的國家，中共建構 CBMs 的意願愈高；威脅性愈低，則意願愈低。CBMs 程度較高的國家：俄羅斯、印度、美國都屬強國。而東協中的越南、菲律賓，則是自主性強，對中共形成較明顯威脅的國家。弱國如泰國、馬來西亞、汶萊等東協國家，中共建構 CBMs 則多屬宣示性及溝通性。東北亞之日、韓，國力雖強但與美國同盟，自主性低；中共寧可與美國談判建構較高程度的 CBMs，也無意與日、韓積極互動。

從此面向觀察中共建構 CBMs 的特性，顯示中共企圖利用 CBMs 限制強國或自主性高對中共形成某種程度威脅弱國的軍事行動；但對弱國或自主性低的強國則多不願簽署限制性之 CBMs，以免其行動受限。

（三）視為宣傳工具

中共建構 CBMs 的另一個特性是將之視為宣傳工具。

中共雖不願與弱國或低威脅國家雖建立實質之 CBMs，但溝通性及宣示性之 CBMs 卻作了不少，或至少視為建構對外安全關係的主要議題。在東南亞的運作最為明顯。重要的 CBMs 論述都是在「東協區域論壇」發表或宣告，但始終沒有與任何一個國家簽署具有實質意義的限制性措施。中共將「東協區域論壇」作為宣傳平台，以建立其愛好和平及負責之大國形象，卻不願 CBMs 限制其行動自由。[20]

兩岸軍事互信機制的建立

其實就概念而言，提出類似「兩岸軍事互信機制」構想的原是中共。

中共立場的轉變

1995 年 1 月 30 日，江澤民在新春茶會發表「為促進祖國統一大業的完成而繼續奮鬥」談話時表示，雙方可先就結束敵對狀態進行談判；並歡迎兩岸領導人互訪。[21]結束敵對狀態必須要經過「軍事互信」的過程，並非兩邊同時放下武器那麼簡單。因此同年 3 月 6 日，解放軍代表郭玉詳又提出「兩岸會談中加入軍事交流」的建議；這是種溝通性措施，也是「結束敵對狀態」前互信基礎的準備工作。

但 1996 年發生的台海危機出現重大轉折。中共企圖透過飛彈演習對我方施壓，我方則決心必要時對大陸發動先制攻擊；[22]這表示雙方如果操作不慎，就有可能發生不預期的真實戰爭。這種形勢的發展讓美國相當警惕。依據丁生中心主任克瑞朋「通常採取衝突避免措施的時機是在爆發戰爭或嚴重對立的危險事件之後」的命題，美國於是提出建構兩岸軍事 CBMs 的提議。

但中共方面並未回應。一直到 1999 年 1 月，解放軍重要智庫-「中國國際戰略學會」的高級研究員王在希提出雙方可以設立軍事熱線，或進一步建立軍事互信機制。但這些回應同時提到一個前提，就是要透過「結束敵對狀態」的談判建立。

2000 年 7 月，中共「海峽兩岸關係協會」秘書長李亞飛在接見「新黨訪問團」時對中共立場做進一步闡述：

> 最根本的是台灣當局承認一個中國原則，兩岸早日在一個中國原則下，就正式結束敵對狀態進行談判。屆時，關於建立兩岸軍事互信機制問題可以一併討論。[23]

此一立場，使得兩岸建立「軍事互信機制」此一原本技術性高於政策性的議題，陷入紛雜的政治糾葛中，國內相當多學者因此對的前景不表樂觀。

事實上，純就技術面而言，兩岸軍事對峙長達半世紀，基於不願打不預期戰爭的考量，雙方已經發展出相當重要的「默契」以避免誤判。這些極寶貴的「默契」從實質意義而言，其實就是一種台灣經驗的 CBMs。

兩岸軍事「默契」

1950 到 1780 年代是兩岸高度軍事對峙時期。中共企圖「武力解放台灣」，我方則主張「光復大陸」；一直到 1970 年代末期兩岸才停止武力接觸。此一時期雙方雖然都顯示強烈敵意，但基於不願意打不預期戰爭，以及爭取民心、輿論支持或其他政策上的考慮，仍產生某些獨特的安排。這些獨特的安排雖然均屬單邊措施，但長期以來已經形成兩岸軍事互信的重要「默契」。包括：

（一）、大陸方面

1.不在春節間動武的慣例。
2.戰機不飛越「台海中線」。
3.不干擾金門、馬祖的軍事運補。

（二）、台灣方面

1.「不發展核武」及「不發展地對地飛彈」的宣示。
2.戰機不飛越台海中線，除運輸機外，不降落金門、馬祖。

中共不在春節間動武的慣例產生至 1958 年「8·23 炮戰」的停火安排。除了著名的「單打雙不打」外，1959 年 2 月 8 日的春節期間，中共國防部發布：「爲使金門官兵、人民同胞能歡度佳節」，春節期間停止砲擊。爾後發展成節日不打。1996

年「聯合 96 演習」的飛彈試射，雖顯示相當惡意；但仍避開春節期間，於元宵節次日才開始演習。

我方「不發展核武」及「不發展地對地飛彈」，則是要避免傷害大陸人民的生命財產。

戰機不飛越台海中線，以及不干擾金門、馬祖的軍事運補，都是要避免第一線部隊因緊張誤判而發生不預期衝突。我方考慮也是如此。但所謂台海中線僅是一個模糊的概念，並沒有雙方明文簽訂的明確界線。

兩岸如何建立「軍事互信機制」

如果考慮中共在建立兩岸軍事互信機制必須先有政治同意的立場，則兩岸軍事互信的前景是悲觀的。但若體認雙方雖然在高度對峙狀態下仍能產生軍事默契，前景似乎又是樂觀的。

事實上，軍事互信機制可以是單邊的、非正式的；並非一定要透過官方談判才能達成具體成果。雙方可以透過宣示性措施表達善意，透過透明化措施建立信任，透過溝通性措施解除敵意。在這過程中有許多可以採行的安排，包括：公佈國防白皮書、宣佈軍事演習的期程、不在敏感時間及地區軍事演習、鼓勵雙方軍職人員透過國際學術研討會相互接觸、簽訂海上救難協定並聯合舉行海上搜救演習等。

民國 91 年版《國防報告書》所提的構想是：

(一)目的

1. 增進軍事活動的透明化。

2. 降低因誤會、誤判、誤解而導致不必要之軍事衝突。

3. 抑止以威嚇為目的之武力展示，並使奇襲行動更加困難。

4. 加強兩岸間之溝通。

5. 維持區域穩定與和平。

(二)原則

1. 表達善意：採取公布「國防報告書」、「年度重要演習計畫」等善意作為。

2. 不拘形式：選擇雙方可以接受的方式，只要能消除因誤會而造成之衝突即可。

3. 不預設立場：擱置「政治」議題之爭議，尋求突破僵局之契機。

4. 相互尊重：拋開「中央」、「地方」政府之爭議，在相互尊重前提下展開接觸。

(三)方法

1. 宣示性措施：宣布解除戒嚴、終止戡亂、和平解決爭端之態度。

2. 透明性措施：公布國防報告書、預告演習。

3. 溝通性措施：建置熱線、軍事學術研究機構交流、軍事人員互訪。

4.海上安全措施：海上安全協定、海上共同救援通報。

5.限制性措施：減少外島駐軍、機艦不越過海峽中線、不部署針對性武器。

6.查證性措施：互派觀察員、設置預警站。

(三)具體作為

可區分為近、中、遠程三個階段規劃執行。

1.近程

(1)一般性的國防資訊公開，逐漸增加軍備透明度。

(2)落實海上人道救難協議。

(3)軍事演習慎選區域、時機，軍事行動及演習事先告知。

(4)透過海基會與海協會建立溝通管道。

(5)增加溝通管道。

2.中程

(1) 不針對對方採取軍事行動。

(2) 建立兩岸領導人熱線機制。

(3) 中低階層軍事人員交流互訪。

(4) 相互派員觀摩軍事演習及雙方軍事基地開放參觀。

(5) 建立軍事高層人員安全對話機制、定期舉行軍事協商會議。

(6) 海軍艦艇互相訪問。

(7) 劃定兩岸非軍事區，建立軍事緩衝地帶。

(8) 軍事資料交換。

(9) 落實檢證性措施。

3. 遠程

結束敵對狀態，簽訂兩岸和平協定。

以當前情況研判，要進入中程階段似乎都很不容易，遑論遠程階段。但西方實踐 CBMs 的經驗顯示，要達到相當成果必須有極長的時間及相當複雜的變動過程；並非一朝一夕可以達成。兩岸政治氣氛不佳雖然成為建構軍事互信的限制，但西方經驗也顯示，一旦雙方達成信任建立措施，可以很快改善政治氣氛。這表示兩岸軍事互信的推動，只要有耐心、信心地持續推動，對維持台海安全將有建設性的助益。

建議記憶或理解的問題：

一、何謂軍事互信機制？

二、信心建立措施一般可分為哪幾類？

三、兩岸半世紀軍事對峙下，產生的軍事默契有哪些？

建議思考的問題：

兩岸軍事互信的一個重要指標是軍職人員的互訪。如果國軍中級軍官到大陸訪問且與對方軍官互動良好，你是否會對其「忠誠」有所疑慮？你認為是否會有「台奸」之類的批評？

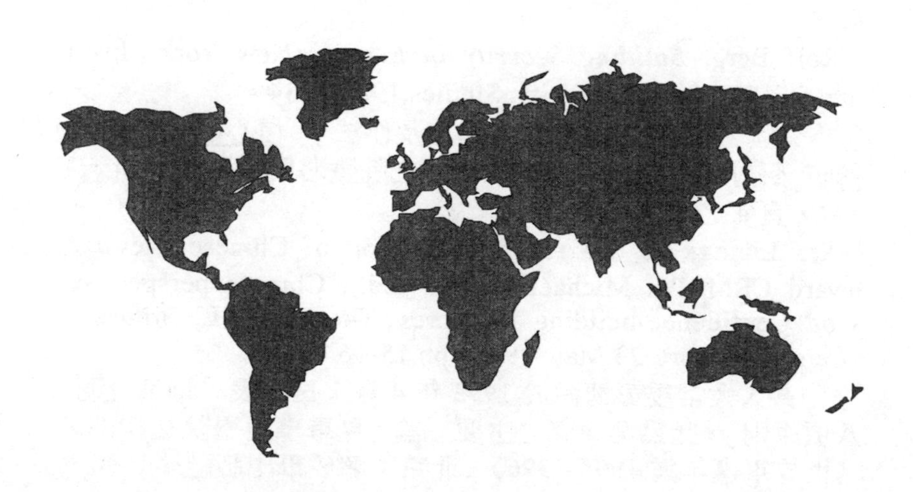

【註解】

[1] 這是官方的英文翻譯。見國防部，《中華民國八十九年國防報告書》，台北：國防部，2000，頁 112。

[2] John Jorgen Holst, "Confidence-Building Measures：A Conceptual Framework," *Survival,* Vol.25,No1(1983), p.2

[3] M. Susan Pederson, & Stanley Weeks, "A Survey of Confidence and Security Building Measures," in Ralph A. Cossa (ed.). *Asia pacific Confidence and Security Measures,* Significant Issues Series. Vol.17,No3 (1995),p.82。

[4] Michael Krepon, ed., *A Handbook of Confidence-Building Measures for Regional Security, 2nd ed.* (Washington D.C.: The Henry L. Stimson Center, January 1995), pp.4-9。

[5] 前四項是 Michael Krepon 提出，後兩項是 Kenneth W. Allen 提出。可參考 The Henry L. Stimson Center 網站：http://www.stimson.org。

[6] Joseph L. Nogee & Robet H. Donaldson，黃宗浩譯，《蘇聯第二次大戰後的外交政策》，台北：幼獅文化，1984，頁 302。

[7] Rolf Berg, *Building Security in Europe* (New York：Institute for East-West Security Studies,1986),p.34。

[8] 林文程，「中共對信心建立措施及作法」，信心建立措施與國防 研討會，台北，台灣綜合研究院戰略及國際研究所，1999，頁 4 之 6。

[9] Xia Liping, (夏立平) "The Evolution of Chinese Views toward CBMs,"in Michael Krepon (ed.), Chinese perspectives on Confidence-building Measures, The Henry L. Stimson Center, Report 23,May 1997, pp,15-16。

[10] 中共人大常委彭清源於 1993 年 4 月 1 日發表「軍備透明八項原則」，此爲第 2 條之主要立論。見軍事科學院編輯部，《世界軍事年鑑 1995-1996》，北京：解放軍出版社，1996，

頁 13-14。
[11] 同前註；「軍備透明八項原則」第 2 條。
[12] Xia Liping, Ibid., p.17。
[13]「全國人民代表大會常務委員會公報」，北京，第 791 期，1996 年 9 月 15 日。頁 65-77。
[14] 中共與印度間邊境線爭議仍未解決，故以「實際控制線」取代邊境線。
[15] 莫大華，「中共對建立『軍事互信機制』之立場：分析與檢視」，中國大陸研究，第 42 卷第 7 期，1999 年 7 月，頁 32。
[16] 林正義，「東協區域論壇與信心建立措施：以南海爲個案研究」，信心建立措施與國防 研討會論文集，台灣綜合研究院戰略與國際研究所，1999 年 6 月，台北，頁 2 之 17。
[17] 朱暘明主編，《亞太安全戰略論》，北京：軍事科學出版社，2000，頁 150。
[18] Sheldon W. Simon, "Alternative Visions of Security in Asia Pacific," *Pacific Affairs,* vol.69, No.3 (Fall 1996), pp. 387-388。
[19] 莫大華，前引文，頁 35。
[20] 有關東協 CBMs 運作的過程，請參閱林正義，「東協區域論壇與信心建立措施：以南海爲個案研究」，頁 2 之 1-11。
[21] 陸委會，《大陸工作參考資料（合訂本）第二冊》，台北：陸委會，1998，頁 365-370。
[22] 中共實施的「聯合 96 演習」，本質上是對我方的示威。雖屬軍事演習，但因過於接近，形勢有失控可能。我空軍於是研擬先制攻擊計劃，並知會美方。在美軍兩艘航母戰鬥群抵達台海後形勢才轉趨和緩。美方一份報告中曾透露當時的部分細節。見「五角大廈最新報告 台海衝突 五至十年內可能爆發」 聯合報 民 91 年 4 月 27 日，13 版。
[23] 電子化文獻，引自大公報，轉引自 未來中國 網站 http://www.future-china.org/fcn-tw/200007/2000071111.htm

【附錄一】

《中華民國九十一年國防報告書》摘要

序 言

維護國家安全不僅止於建立軍事武力，更重要的在於全國人民的支持、投入所產生的力量；職是，國防部爲使國防事務透明化，以獲得全民對國防事務的支持，乃定期編製「國防報告書」，藉以說明國防理念及報告施政績效，期使國人瞭解現階段國防政策，進而支持、參與國防建設，建立全民國防共識。

民國九十一年三月一日，國防二法正式施行，此爲我國國防組織重大的變革，其所蘊涵之「軍政軍令一元化」、「文人領軍」立法精神，不但宣示國軍貫徹法制化的決心，更確立「全民國防」、「軍隊國家化」的理念，影響甚爲深遠。本次國防報告書之發行，值此國防二法施行之際，顯得格外具有意義，故本書中將深入剖析國防二法施行的理念及願景，以彰顯我國國防朝向民主化的決心。

本報告書編纂期間，由於美國發生「九一一恐怖攻擊事件」，使得國家安全的議，再度成爲全球討論的焦點；「國家題安全」雖然是一個抽象的概念，然其主要目標爲確保「國家生存」，即在於維護「領土、人民及其生活方式」的安全，免於遭受「侵略的威脅」。長期以來，國軍面對中共「文攻武備」的威脅，使我們建軍備戰的工作充滿了挑戰，尤其近年來共軍在「打贏高技術條件下局部戰爭」的軍事戰略指導下積極轉型，更嚴重威脅我國的生存與發展；為反制中共在軍事衛星、導彈技術、信息戰方面的逐年升高之威脅，未來國軍除基於「預防戰爭」、「維持臺海穩定」、「保衛國土安全」之基本理念，建構「有效嚇阻、防衛固守」的軍事武力外，更將掌握「資電先導、扼制超限、聯合制空、制海，確保地面安全」的建軍指導原則，以「提升三軍聯合作戰整體戰力」為兵力整建重點，賡續強化資電優勢及整合三軍武器系統，使國軍成為「量小、質精、戰力強」的現代化勁旅。

由於現代科技快速發展，戰爭型態已由「兵力」密集，轉為「技術」、「知識」密集，因此，人員素質的提升及精密武器效能的發揮，即成為發揮戰力的必要條件，面對此一趨勢，掌握時代脈動、破除陳規、開創新局，是國軍未來一定要走的路。而為因應國家財力結構變化及持續推動國防現代化，國軍將由「高司組織調整」、「兵力結構精實」兩方面進行編組精進工作；期藉合理調降人員維持負擔，彈性調整軍事投資、作　業維持預算，以提升實質戰力。但相對的，在精簡常備兵力的同時，更重要的在於「廣儲後備」，未來將在「全民防衛動員準備法」的基礎上，推動「國防與民生合一」；藉由凝聚全民向心，貫徹「全民國防」理念，以建構全民參與的總體防衛戰力。惟有在「有形的戰力」與「無形的心防」維持優勢，方能使敵不敢輕啓戰端，進而達到「預防戰爭」目的。

最後，本人除了要感謝參與編纂本書的委員及作業同仁的全心投入外，也要肯定國軍全體官兵的辛勞，因為大家認真執行建軍備戰工作，才使本書更為充實；更希望全國各界能不吝給予批評與指導，並關切、支持國防安全事務，使得國軍不斷創新進步，爲國家永續生存與發展，提供更堅實的安定基礎。

國防部部長

湯曜明

中華民國九十一年年七月

導 言

一、民國九十一年國防報告書係國防部第六次發行，內容根據當前國家情勢、國防狀況與施政作爲，加以審慎編製而成；尤對民國九十一年三月一日國防二法正式施行後國防組織變革、國防施政理念、方向與願景等多所著墨。全書不含「緒論」計區分「國際安全環境與軍事情勢」、「國防政策」、「國防資源」、「國軍部隊」、「國防管理」、「國防重要施政」、「國軍與社會」等七篇。資料起迄時間概爲民國八十九年七月至九十一年六月。

第一篇 「國際安全環境與軍事情勢」：概述國際安全情勢，置重點於安全威脅、區域情勢、武器移轉與擴散、軍事科技發展趨勢及戰爭本質的轉變等；其中，有關中共情勢及軍事發展，則做較詳盡之說明。期能清楚描繪我國當前安全環境，以做爲訂定國防政策之依據。

第二篇 「國防政策」：由國家利益、國家目標出發，配合國家安全情勢分析，擬出國家安全戰略及國家安全政策，並依此發展現階段國防政策與軍事戰略、兵力整建諸項作爲。本篇爲全書重點。

第三篇　「國防資源」：說明國防人力、財力、物力有效的資源分配與運用，並闡釋運用的目的、政策、願景等。

第四篇　「國軍部隊」：敘述國軍部隊整備現況，包含：常備部隊、後備部隊及後勤支援部隊之任務、現況、編組、主要武器裝備等；其中電子戰及資訊戰部隊係首次載入。

第五篇　「國防管理」：說明國軍以現代化之企業管理精神，從事各項國防管理工作，其中，人力資源、法規、經費、軍事動員、後勤、部隊、通信電子資訊等項，則是目前管理的重點。

第六篇　「國防重要施政」：敘述國軍近兩年主要施政作爲，尤對國軍具有重大影響之興革事項做較大篇幅的介紹。其中國防組織改造、全民國防之實踐、部隊訓練、軍事交流、國防科技及軍人人權等，則爲民眾關切的焦點。

第七篇　「國軍與社會」：說明軍民關係在現代國防中的重要性；國軍面對社會變遷，一向以透明化爲工作指標，並透過保障人民權益、積極爲民服務等作爲，建立良性互動，增進彼此情誼。

二、中華民國現階段國家利益包含：確保國家生存與發展、維護百姓安全與福祉、保障民主制度與人權。

三、中共當前軍事發展，仍以因應臺灣問題及可能導致之外力干預爲優先考量，故特重爭奪制電磁、制空、制海權及聯合登陸作戰與抗擊航母戰鬥群所需之戰術戰法與軍備發展。由於中共致力軍事現代化，不僅不斷引進新型武器裝備，且連年擴增軍費，對我威脅與日俱增。

四、爲因應國際戰略環境及中共軍事威脅，我國現階段國防政策以「預防戰爭」、「維持臺海穩定」、「保衛國土安全」爲基本理念；國防施政方針則爲:「強化全民國防」、「貫徹國防法制化」、「建設現代化國防」、「建立危機處理機制」、「推動區域安全合作」、「落實『三安政策』」。

五、國防二法正式施行後，已確立「軍政軍令一元化」、「文人領軍」、「軍政、軍令、軍備專業分工」之內涵，並構建「權責相符」、「分層專業」之國防體制，使國軍能專注戰訓本務及戰力整備，成爲現代化優質軍隊。

六、我國防科技政策，除要厚植國防科技工業能量於民間，以達成國防獨立自主外，亦遵循國際公約及政府政策，不生產、不發展、不取得、不儲存、不使用核生化武器。

七、國軍招募政策，現階段考量國家安全、政府財力等因素，仍採適合國情之募、徵兵並行制，未來則將朝專業化與職能化發展，逐步走向以「募兵制」爲主、「徵兵制」爲輔之兵役制度。另國軍已有依法納稅的共識，但考量軍人工作性質特殊，國防部將在不變相減薪的原則下，研擬完整納稅計畫，以配合政府政策。

八、我國近年國防預算持續緊縮，反觀中共國防經費則連年擴增，十年來成長幅度幾近三倍，已使雙方軍力產生失衡現象。國防部深切期盼能在配合國家整體經濟成長情況下，維持適度預算額度，充實各項建軍備戰作爲，以確保國家安全。

九、國內各種災難的發生，國軍均本主動積極態度，在第一時間投入救援，以減少人民生命財產損失，降低受害程度，並協助災後重建工作，以使國軍與社會緊密連繫，發揮生命共同體精神，達成全民國防目標。

第一篇　國際安全環境與軍事情勢

一、二十一世紀初的國際局勢，呈現多邊合作型態，並由獲取經貿實質利益，取代對抗與衝突；當前的安全概念，已超越單一的軍事或政治層面，擴及到經濟、能源、環保、科技等層面。

二、二００一年九月十一日，美國本土遭受恐怖主義攻擊，震驚全世界，對國際安全產生巨大衝擊，並影響到各國戰略布局態勢；恐怖主義的威脅，已成爲國際安全的隱憂。

三、國際潛藏的威脅，包括：政治性、經濟性、軍事性及其他性等問題，均將隨時爲國際環境投下不安全變數。國際安全環境雖持續朝著和平與穩定的方向發展，然因相關問題糾纏難解，以致世局依舊動盪，使得全球安全前景仍充滿了不確定性。

四、亞洲因美國、日本、俄羅斯與中共等國利益與矛盾糾結，南、北韓和解仍存變數，印巴對峙僵局難解及臺海情勢詭譎多變，以致地區安全仍具變數。不過，區域內各國仍均致力維持區域的和平與穩定。

五、二００二年中共國防預算編列一、六六０億元人民幣，較二００一年一、四一一　五六億元人民幣增加十七　六%，仍維持二位數的成長。近年中共配合軍事戰略的轉變，除全面提升其海、空軍、二砲能力，並組建快速反應部隊，使共軍成爲具有近海作戰能力的進攻型軍力外，更不斷在周邊海域進行軍事演習，加深亞太地區國家對中共擴張軍備的疑慮。

六、由於中共對解決「臺灣問題」的迫切性，其作戰方向已將東南沿海列爲首要優先，對我國人民造成莫大的心理威脅，嚴重影響我心防建設。再者，共軍積極開發資訊、不對稱等戰具、戰法，其武力犯臺模式將更具攻擊性與多樣化，對我國家安全威脅，亦將日益嚴重。

第二篇　國防政策

一、近年來中共因經濟發展快速，綜合國力不斷提升，復以其積極擴建軍力，對我國家安全威脅與日俱增，尤其在政治、軍事、經濟、心理及外交等方面，均已對我國的生存與發展構成嚴重威脅。

二、現階段我國國家安全戰略構想，以確保國家安全與永續發展為目的，綜合運用政治、經濟、外交、軍事、心理與科技諸般手段，並透過追求自由、民主、人權、均富的方式，發揮整體國力，維護國家利益。

三、中華民國之國防，以發揮整體國力，建立國防武力，達成保衛國家安全，維護世界和平為目的；現階段國防基本理念為：「預防戰爭」、「維持臺海穩定」、「保衛國土安全」。

四、我國現階段國防施政方針則為：強化全民國防、貫徹國防法制化、建設現代化國防、建立危機處理機制、推動區域安全合作及落實「三安政策」等。

五、國軍防衛作戰本「有效嚇阻、防衛固守」之戰略構想，按「制空、制海、地面防衛」作戰，發揮三軍聯合作戰戰力；以「資電先導、遏制超限、聯合制空、制海，確保地面安全，擊滅犯敵」之指導，建立「小而精、反應快、效率高」之精準打擊戰力，以達成有效嚇阻之目標。

六、當前兵力整建以促使國軍現代化及軍種整建爲重點；三軍兵力採重點發展，以提升三軍聯合作戰整體戰力爲目標。

第三篇　國防資源

一、國軍貫徹精兵政策，在建立「精、小、強」之現代化部隊，國防部秉此原則，適時檢討修訂禁役標準及依部隊需要提高體位標準，以汰弱留強，提升官兵素質。

二、近年我國國防預算持續緊縮，且在人員維持經費居高不下，以及新一代武器裝備成軍後其維護、檢修經費亦持續攀升的情形下，已影響國軍之兵力整建時程；反觀中共的國防預算，近十年來，則大幅成長二八三・八三％。國防部深切期望在配合國家整體經濟規模穩定成長的同時，能維持適足國防預算額度，以達成建軍備戰目標，確保國家安全。

三、國防科技工業政策在擴大與產、官、學、研各界合作，厚植國防科技工業能量於民間；賡續提升研發核心技術及前瞻關鍵性的武器系統，達成國防獨立自主目標；同時遵循國際公約及政府政策，不生產、不發展、不取得、不儲存、不使用核生化武器。

四、配合政府貿易自由化、國際化政策，接受民意監督，建立合法、透明、公平、合理採購作業環境，並依政府採購法等相關法令，遂行國軍軍品採購任務。其原則爲：(一)優先採購國內產品，(二)分散採購地區。

五、國防部爲因應國家經濟發展需求、配合國土開發及發揮土地最大效用，在不影響建軍備戰原則下，寬宏檢討國防用地，本「小營區歸併大營區」、「非必要位於都市內之營區、訓練場地遷往淺山或郊區」之政策，適時檢討釋出國軍空置及不適用營地。

第四篇 國軍部隊

一、 陸軍平時戍守本、外島地區，從事基本戰力與應變作戰能力訓練，維護重要基地與廠、庫設施安全；戰時聯合海、空軍，遂行聯合作戰，擊滅進犯敵軍。

二、 海軍平時執行海上偵巡、外島運補與護航等任務；戰時反制敵人海上封鎖與水面截擊，聯合陸、空軍遂行聯合作戰。陸戰隊平時執行海軍基地防衛、戍守指定外島；戰時依令遂行作戰。

三、 空軍平時加強戰備，維護領空；戰時全力爭取制空，並與陸、海軍遂行聯合作戰。

四、 憲兵執行特種警衛、衛戍任務，協力警備治安及支援三軍作戰，並依法執行軍法及司法警察任務。

五、 電子戰部隊以「建立臺海電磁屏障，掌握電磁優勢」爲目標，有效運用電子戰支援、電子戰防護，爭取電子戰優勢，達成全般作戰任務。資訊戰部隊則執行指管系統之安全防護與監控，並適時爭取資訊優勢，支援全般作戰。

六、 三軍後備部隊於平時強化基幹種能之培養，並完成納編後備軍人之人、裝、訓相結合之各項動員準備；臨戰之際，適時擴編成軍，及時執行作戰。

七、 後備司令部平時落實動員整備，掌握人力、物力，確保經常戰備時期戰力之維持；戰時執行後續動員作業，支援三軍作戰及戰損防救，並運用後備戰力、民防團隊維護後方地區安全。

八、 聯合後勤司令部負責國軍傳統武器裝備研發與生產，執行三軍共同性勤務支援，並以最少之資源達成支援作戰之目的。後備司令部之輔助軍事勤務隊區分「地區性」及「隨隊性」兩種，有效整合民間資源，以發揮平時救災、戰時支援軍事勤務之功能。陸軍平時戍守本、外島地區，從事基本戰力與應變作戰能力訓練，維護重要基地與廠、庫設施安全；戰時聯合海、空軍，遂行聯合作戰，擊滅進犯敵軍。

第五篇　國防管理

一、國防部依據國軍建軍備戰需求，對國軍人力作整體、長期的規劃，運用招募、培訓、晉升、退伍、儲備、考核等政策與方案，使官兵安心在營服役，樂於軍旅生涯。

二、「依法行政」為國防施政的基本原則，國防部適時制(訂)定、修正及廢止不合時宜之法令，以達到「健全法制、貫徹法制」之目標。

三、國防經費管理的目的，在有效運用有限財力資源，充實戰備，增強戰力。

四、軍事動員為國家動員之主體，並區分為軍隊動員與軍需動員，其實質工作項目尚包括軍事運輸動員、軍需物資徵購徵用、輔助軍事勤務動員及戰力綜合協調會報等。

五、國軍後勤管理運作機制，本務實、精確、效率的態度，主動掌握各項後勤支援能量，並充分運用民間資源，有效支援三軍作戰。

六、國軍內部管理係運用現代科學方法，將軍隊內之人、事、時、地、物，做井然有序之管理；另秉持平權精神，對女性同仁各項權益，給予完善之照顧。

七、國軍訓練管理以「戰訓合一」爲目標，採「分層負責、權責相符」之原則，進行各項訓練；復本「重獎重罰、速獎速懲」原則，激勵部隊訓練工作。

八、國軍軍紀安全管理之重點，在於：落實預防措施、發揮監察功能、綿密輔導機制、暢通申訴管道、防杜軍機外洩，以發掘危安潛因，掌握狀況，及時處理，消弭違法傷亡情事。

九、國軍通信電子資訊管理，以達成爭取資電優勢、鞏固國防、制敵機先爲目的，並本平、戰時結合之理念，策定優先順序，詳實規劃訂定發展策略

第六篇　國防重要施政

一、國軍遵守憲法及國防法，效忠國家，愛護人民，保衛國家安全。並堅定「爲中華民國國家生存發展而戰」、「爲中華民國百姓安全福祉而戰」的信念。

二、國防部爲推動國防二法，特編成「國防組織規劃委員會」等編組，並區分：規劃作業、組織調整、編成運作三階段，進行國防組織改造。國防二法已奉行政院正式核定自民國九十一年三月一日正式施行；國防部依法完成所屬單位、機關編成，使國防組織正式邁向法制化。

三、全民國防的作爲，在發揮全民總力，共同維護國家安全；其作爲主要有：建構完整動員法制體系，培養全民國防共識，強化軍事動員整備，以納動員於施政，寓戰備於經建，確使國防與

民生合一。

四、國軍遵循教育法令規範，以培育科技、專業的優質軍事幹部爲導向，前瞻規劃軍事教育體系及教育政策，積極推動終身學習，以整體提升國軍人力素質，因應新的挑戰。

五、九十、九十一年度國軍實施作戰類、動員類、核化 類、訓練類等演訓，共計一五０餘次；並均能依計畫、按步驟推動。

六、兩岸建立軍事互信機制，期在「表達善意」、「不拘形式」、「不預設立場」、「相互尊重」等原則下展開。

七、國軍本獨立自主精神，掌握關鍵性技術，自力發展制空、制海及地面防衛各式反制性武器系統，以強化國軍整體戰力；並配合國家經濟發展，推動軍民通用科技，厚植民間研發能量，以提升國家競爭力。

八、軍人爲穿著制服之公民，其基本人權，與一般人民同受憲法之保障。國防部貫徹國軍官兵申訴制度、設置官兵權益保障委員會、修正陸海空軍刑法等，以落實保障軍人人權。

九、貫徹　總統「部隊安全、軍人安家、軍眷安心」三安政策，落實官兵福利服務，照顧官兵生活，期使官兵能安於工作崗位，盡忠職守，維護軍人尊嚴。

十、眷村改建在創造政府、民眾、軍眷眷戶「三贏」的局面，對增加地方稅收、刺激景氣復甦、創造國民就業等方面，均有所助益。

第七篇　國軍與社會

一、國防部對國防事務之推動，力求以透明化爲工作指標，一方面與政府部會密切協調連繫及民意機關充分溝通，一方面透過對外政策說明，以爭取全民對國軍的支持與肯定，進而建立全民國防共識。

二、國防部為順應時代潮流，同時藉由主動適時說明，導引媒體正確報導，促使民眾瞭解國軍重大施政。

三、基於軍機維護與國家安全之目的，國軍藉由「縮小軍事機密範圍」、「放寬軍事管制與禁、限建」、「國家賠償」、「辦理軍事勤務致人民傷亡損害補償」、「人民訴願」、「國家賠償」及「無效雷區處理」等具體措施，以公正性與客觀具體作法，充分保障人民權益。

四、遵照國家法令與政策規定，本「防患於未然，弭禍於無形，制亂於初動，止亂於復甦」之基本原則，協力治安維護，以達安定社會之目的。

伍、當有天然災害發生，為確保救災官兵與災區民眾健康，預防疫情發生，國軍視災情程度編成檢查小組赴各災區協助維護環境衛生，防止疫病發生。

六、為建立良性互動，體認軍中教育、訓練與保國衛民之使命，國軍各級部隊藉由懇親、聯誼等活動，讓官兵家屬得以瞭解子弟在營生活狀況，使家長放心、袍澤安心，並凝聚戰力。

【附錄二】

探討國防事務的相關網站

「全球資訊網」的網際網路對研究工作帶來很大的方便。各相關機構及主要智庫(think tank)的資訊取得容易，能提供許多基本資料與論述。網路也經常提供會議的摘要報告，即使未出席也能大致掌握會議要旨。在今日時代裏，如不能善用「全球資訊網」，將使研究工作事倍功半。

一般而言，美國地區的智庫幾乎都設立網站以提供資訊窗口，但台灣與大陸地區智庫在這方面的努力較爲缺乏。尤其大陸許多研究國家安全的著名智庫都未成立網站。這或許與這些智庫的軍方背景有關。譬如中央軍委關係密切的「中國國際戰略研究基金會」、總參謀部背景的「中國戰略研究學會」、南京軍區背景的「上海國際戰略問題研究會」等均未設立網站。不僅智庫如此，在資訊如此發達的今日，很難想像中共中央軍委、國防部都未設立網站。這與美國連地區軍事基地都設立網站的作風相比，中共在國防透明化上的努力的確需要加強。

也正因如此，刺激大陸地區軍事迷所設立的網站如雨後春筍般成立。這些私人設立的軍事網站無論質與量都有相當水準，尤其論壇上對安全議題的討論相當可觀。雖然大多缺乏依據，但偶而會看到某些真正行家的作品，相當値得參考。

以下列舉國防事務相關網站。唯今日資訊發達，網站太多，不完整是必然；謹供參考。（僅列免費網站，未列資料庫等收費網站）

台灣地區：

- 中華民國國防部

《http://www.mnd.gov.tw》

研究者必須瀏覽的網站。除可了解國防相關事物外，並可透過其「全球國防資訊」連結世界各主要國家之軍事櫥窗。

- 兩岸交流遠景基金會

《http://www.future-china.org.tw/index_o.html》

其編輯之「遠景拾穗」分析文摘《http://www.future-china.org.tw/csipf/press/digest/digest_mnu.htm》，摘要有關台海兩岸在經濟、政治及安全領域的重要論述。另「未來中國研究」《http://www.future-china.org.tw/index_o.html》選輯安全領域的相關論文，值得參考。

- 台灣綜合研究院

《http://www.tri.org.tw》

設有戰略與國際研究所，研究成果豐富，是很重要的智庫。

- 政治大學國際關係研究中心（簡稱國關中心）

《http://iir.nccu.edu.tw》

雖然是政治大學的附屬機構，但組織龐大，研究成果豐碩，是台灣地區研究中國大陸政經形勢的權威，長期扮演智庫角色。

● 台灣國家和平安全研究協會
《http://www.geocities.com/tranps2000》

提倡及研究在台灣實施群眾防衛。主張以群眾防衛作爲國防政策的一部份，維護台灣人民的民主自由與憲政體制。規模小但有特色。

大陸地區：

● 中共國家航天局
《http://www.cnsa.gov.cn/main_c.asp》

中共國防部、中央軍委都沒有設立網站。國家航天局網站提供中共航天事業發展資訊，值得瀏覽。

● 解放軍報網絡版
《http://www.pladaily.com.cn/big5/pladaily/index.html》

沒事點閱一下，瞭解解放軍的觀點與現況。

● 中國社會科學院「世界政治與經濟研究所」網站
《http://www.iwep.org.cn》

有多篇國際政治與經濟的論文，可理解大陸學者的觀點。

● 中華網－軍事頻道（繁體版）

《http://big5.china.com/gate/big5/military.china.com/zh_cn/》

商業機構，軍事頻道之報導資料極爲豐富。雖然以解放軍報導爲主，但對國軍（中共的說法爲『台軍』）及美軍的報導亦不缺乏。對中國大陸其他軍事網站（如：亞東軍事網 http://www.warchina.com/；中國軍事同盟 http://www.armynet.org/ /等。雖然內容大同小異，但有許多中國大陸網友的討論與評論，有參考價值）亦有連結，武器系統的圖片非常多，研究者可經常瀏覽。

● 中國軍事新觀察

《http://go2.163.com/xinguancha/.》

個人成立的網站，走歷史文獻路線，與一般軍事網站注重軍事硬體大不相同，蒐集解放軍人事、部隊歷史及相關資料豐富，具參考價值。版主用心值得敬佩。

美國地區：

● 戰略暨國際研究中心 (Center for Strategic & International Studies)(CSIS)

《http://www.csis.org》

成立於 1962 年。其任務是影響政策的制定，而其途徑是透過戰略分析、召集決策者與有影響力人士會商，共同建構政策行動。具高影響力的智庫。

● 蘭德公司 (The Rand Corporation)

《http://www.rand.org》

成立於 1948 年，與美國空軍關係密切。研究經費大部分由美國政府提供。雇用超過五百位的專家，研究範圍很廣。設有國家安全研究部，以及「中東政策中心」、「亞太政策中心」、「俄羅斯暨歐亞中心」。近年出版多部有關解放軍及台海安全的著作，頗受矚目。

● 美國大西洋理事會 (Atlantic Council of the United States)

《http://www.acus.org》

成立於 1961 年，原先是藉由「北大西洋公約組織」的研究來增進美國與歐洲的安全關係。目前此一理事會的重點是大西洋與太平洋。

● 傳統基金會 (Heritage Foundation)

《http://www.heritage.org》

成立於 1973 年。設有「亞洲研究中心」，並在香港設有亞洲辦公室。親共和黨，出版品包括雙月刊的《政策評估》，與每年出版的《經濟自由索引》。近年來對台灣安全的問題相當關注，有多篇論文；主張提供台灣更多的軍事援助。

● 美國和平研究所 (United States Institute of Peace)

《http://www.usip.org》

美國國會於 1984 年通過的聯邦獨立機構。此一研究所的董事由美國總統提名，並經參議院任命同意。國務卿及其他政府官員也是此一研究所的董事。主要研究方向爲：亞洲、中亞、 中東、歐洲與俄羅斯。亞洲部分以東亞爲主。近年來有多篇關於南海、亞洲區域安全、亞洲金融危機的報告。相當程度影響沒國政府決策。

- 史汀生中心 (Stimson Center)

《http://www.stimson.org》

成立於 1989 年，主要研究範圍是國際衝突、安全、和平等議題。「史汀生中心」對信心建立措施，尤其是中共與俄羅斯、印度的邊界地區軍事領域信任措施，頗有蒐集研究。

- 美國國防大學「國家戰略研究所」(Institute for National Strategic Studies)

《http://www.ndu.edu》

成立於 1984 年，出版《戰略論壇》(Strategic Forum)、《戰略評估》(Strategic Assessment) 年度報告等。頗能代表美國軍方的觀點。

- 亞太安全研究中心 (Asia-Pacific Center for Security Stu dies)

《http://www.apcss.org》

成立於 1995 年，是美軍太平洋司令部下的機構。每年約召開六至八次會議。旨在促進亞太國家資深國防官員的彼此了解與合作。我國與中共官員均曾與會，但尚無同時參加的紀錄。

參考書目

一、中文參考書目

三軍大學編譯，《美國國防部軍語辭典》，台北：三軍大學，1995
中華民國國防部，《中華民國八十一年國防報告書（修訂版）》，台北：黎明文化，1992
中華民國國防部，《中華民國八十二~八十三年國防報告書》，台北：黎明文化，1994
中華民國國防部，《中華民國八十五年國防報告書》，台北：黎明書局，1996
中華民國國防部，《中華民國八十九年國防報告書》，台北：國防部，2000
王文榮，《戰略學》，北京：國防大學出版社，1999
王逸舟，《國際政治學－歷史與理論》，台北：五南出版公司，1999
王普豐，《高技術戰爭》，北京：國防大學出版社，1993
王崑義，《全球化與台灣》，台北：創世文化，2001
包威爾「友軍誤擊問題之探討」，《波斯灣戰爭譯文彙集【二】》台北：國防部史編局譯印，1993
由冀，「回應後冷戰時代的挑戰」，田弘葳編，《後冷戰時期亞

太集體安全》，台北：業強出版社，1996
朱陽明主編，《亞太安全戰略論》，北京：軍事科學出版社，2000
任萱，《軍事航天技術》，北京：國防工業出版社。1999
李文志，《後冷戰時代美國的亞太戰略－從扇形戰略到新太平洋共同體》，台北：憬藝企業，1997
李際均，《軍事戰略思維》，北京：軍事科學出版社，1996
克勞塞維茲《戰爭論全集》，鈕先鍾譯，台北：軍事譯粹社，1980
林中斌，《核霸》，台北：學生出版社，1997
林正義，「台灣安全的戰略」，謝淑媛編著《台灣安全情報》，台北：玉山出版社，1996
胡凡、呂彬、張暉、李景龍《兔鷹之爭－國防大學軍事教官評南聯盟戰爭》北京：專利文獻出版社，1999
軍事科學院編輯部，《世界軍事年鑑 1995-1996》，北京：解放軍出版社，1996
美國海軍戰爭學院編撰，《戰略與兵力規劃（上）》，台北：國防部軍務局譯印，1998
梁月槐主編，《外國國家安全戰略與軍事戰略教程》，北京：軍事科學出版社，2000
陳東龍，《中共軍備現況》，台北：黎明文化，1999
陳鴻瑜，「東南亞安全情勢」，《2001 台灣安全展望白皮書》，台北：台灣綜合研究院戰略與國際研究所編印，2001
國防部，《抗日戰史－淞滬會戰》，台北：國防部史政局，1969

國防部，《當代戰略與軍事問題》，台北：國防部史編局譯印，1996
國防部，《1994 日本防衛白皮書》，台北：國防部史編局譯印，1995
國防部，《1998 日本防衛白皮書》，台北：國防部史編局譯印，1999
鈕先鍾「馬漢的著作與思想」,《戰史研究與戰略分析》，台北：軍事譯粹社，1988
曾錦城，《下一場戰爭 － 中共國防現代化與軍事威脅》，台北：時英出版社，1999
彭懷恩，《國際關係與現勢 Q&A》，台北：風雲論壇出版社，1999
楊立中、楊鈞錫、別義勛、樂俊淮《高技術戰略》北京：軍事科學出版社，1991
喬良、王湘穗，《超限戰》，北京：解放軍文藝出版社，1999
劉義昌、王文昌、王顯臣主編《海灣戰爭》，北京：軍事科學院出版社，1991
劉繼賢、徐錫康《海洋戰略環境與對策研究》，北京：解放軍出版社，1996
蔣緯國主編，《國民革命戰史・第三部抗日禦侮》第五卷，台北：黎明文化事業，1978
翟文中，《台灣生存與海權發展》，台北：麥田出版，1999
林文程，「中共對信心建立措施及作法」，信心建立措施與國防研討會，台灣綜合研究院戰略及國際研究所，台北，1999
林正義，「東協區域論壇與信心建立措施：以南海爲個案研究

」，信心建立措施與國防研討會論文集，台灣綜合研究院戰略與國際研究所，台北，1999

楊志恆「台灣軍事戰略的發展與調整」，台灣國防政策與軍事戰略的未來展望國際研討會論文集，台北，2001

Abram N. Shulsky，《嚇阻理論與中共的行爲》，台北：國防部史編局譯印，2001

Anthony Giddens，《第三條路－社會民主的更新》，鄭武國譯，台北：聯經出版社，1999

Anthony Giddens，《失控的世界：全球化與知識經濟時代的省思》，陳其邁譯，台北：時報文化，2001

David Held · Anthony McGrew · David Goldbatt · Jonathan Perraton，《全球化大轉變：對政治經濟及文化的衝擊》，沈宗瑞·高少凡·許相濤·陳淑鈴譯，台北：韋伯文化，2001

Douglas J. Murray & Paul R. Viotti，《世界各國國防政策的比較研究》，台北：國防部史編局譯印，1999

Henry E. Eccles，《軍事概念與哲學》，常香圻、梁純錚譯，台北：黎明文化事業公司，1972

Gene Sharp，《全民防衛 － 一種超軍事的武器系統》，李方譯，台北：前衛出版社，1994

Malcolm Waters，《全球化》，徐偉傑譯，台北：弘智文化，2000

Joseph L. Nogee & Robet H. Donaldson，黃宗浩譯，《蘇聯第二次大戰後的外交政策》，台北：幼獅文化，1984

Michael G. Roskin 「國家利益：從抽象觀念到戰略」，《美國陸軍戰爭學院戰略指南》，台北：國防部史編局譯印，2001

Richard Nixon，丁連財譯，《新世界》，台北：時報出版，19
92
Roland Robertson，《全球化－社會理論和全球化》，梁光嚴譯
，上海：上海人民出版社，2000
Strategy and Force Planning Faculty，《戰略與兵力規劃》，台
北：國防部軍務局譯印，1998
Zbigniew Brzezinski，《大棋局：美國的首要地位與其地緣戰
略》中國國際問題研究所譯，上海：人民出版社，1998

二、中文參考期刊

《中共年報 1995》台北：中共研究雜誌社，1995
王建民「美鷹派陽謀 借刀砍北京」，亞洲周刊，2001/4/30- 2
001/5/6 期
林正義，「亞太安全保障新體系」，問題與研究，第 35 卷 12
期，1996
甘棠「評析中共軍事戰略的積極防禦」，中國大陸季刊，第 3
42 期，1996 年 2 月
莫大華，「中共對建立『軍事互信機制』之立場：分析與檢視
」，中國大陸研究，第 42 卷第 7 期，1999 年 7 月
帥化民 ，「國防二法的面面觀」，中央日報，民國 91 年 3 月 1
日，二版
陳偉華，「從『戰略嚇阻』論台灣『國防戰略』發展上的兩難
」，戰略與國際研究季刊，第 2 卷 2 期，2000 年 4 月

陳偉華，「建構台灣防衛性嚇阻戰略之研究」，戰略與國際研究季刊，第 3 卷 4 期，2001 年 10 月
鄧定秩「泛論全民國防」，中華戰略學刊，民國 89 年秋季號
孫克難，「徵兵制與募兵制之經濟分析—台灣地區的應用」，經濟前瞻，第二十七號，民國 81 年 7 月
蘇顯星，「探討歐洲『社會役』成效以檢討現行兵役制度」，役政特刊，第八期，民國 87 年 5 月
龐中英，「另一種全球化—對反全球化的調查與思考」，世界經濟與政治，總 246 期，北京：中國社科院世界政治與經濟所，2001 年 2 月

三、英文參考文獻

Alexander L. George & Richard Smoke，《Deterrence in American Foreign Policy：Theory and Practice》，New York：Columbia University Press，1974
Hans J. Mogenthau《The Impasse of American Foreign Policy》，Chicago：Univ. of Chicago Press，1962
John Jorgen Holst, "Confidence-Building Measures：A Conceptual Framework," *Survival,* Vol.25,No1(1983),
Karl W. Deutsch，《Political Community and the North Atlantic Area》，Princeton：Princeton University Press，1957
Kenneth F. McKenzie, 《The Revenge of the Melians：Asymmetric Threats and the Next QDR 》，Washington D.C.：INSS

NDU，2000
Mark A. Stokes《China's Strategic Modernization: Implications for the US》，Carlisle, PA： US Army War College, 1999
Mark Burles and Abram N. Shulsky 《Patterns in China's Use of Force：Evidence from History and Doctrinal Writings》，RAND，2000
Michael Krepon, ed., 《A Handbook of Confidence-Building Measures for Regional Security, 2nd ed.》，Washington D.C.：The Henry L. Stimson Center, January 1995
Rich D. Fisher , JR.「China Increases Its Missile Force While Opposing U.S. Missile Defense」，Backgrounder , The Heritage Foundation , No.1268,April 7,1999
Rolf Berg，《Building Security in Europe》，New York：Institute for East-West Security Studies，1986
Sameul P. Huntingotn，「Conventional Deterrence and Conventional Retaliation in Europe」，International Security，Vol.8，No.3，Winter 1983-4
Xia Liping, (夏立平) 「The Evolution of Chinese Views toward CBMs 」in Michael Krepon (ed.)， Chinese perspectives on Confidence-building Measures，The Henry L. Stimson Center， Report 23,May 1997
US Department of Defense 《Annual report to President and the Congress》Washington D.C.：Government Printing office，1995

四、電子化文獻

中時電子報，http://news.chinatimes.com
中華民國國防部《中華民國九十一年國防報告書》，電子化文獻：http://www.mnd.gov.tw
中華網，http://military.china.com
中國軍事新觀察，http://go2.163.com/xinguancha/wendang/zhence.htm
中國軍事網，http/www.radiohx.com
美國國防部長倫斯斐（Donald H. Rumsfeld），2001 年「四年期國防總檢報告」(QDR)序文，電子化文獻，http://www.defenselink.mil/pubs/qdr2001.pdf
董栓柱「從地緣戰略看美國對台灣問題的干預－美國插手台灣問題的地緣戰略目的」，中國軍事網，http/www.radiohx.com./big5/junshi/big_mili02223.htm
鼎盛軍事網，http://www.top81.com.cn/military/news
聯合新聞網，http://www.udnnews.com
常顯奇，「天戰不是童話」，電子化文獻，http://www.top81.com.cn/military/news/displaysdxx.asp?id=4201
蘭德公司 http://www.rand.org

國防政策與國防報告書

著　　　作／羅慶生
發　行　人／羅慶生
總　經　銷／揚智文化事業股份有限公司
登記證：局版北市業字第 1117 號
地址：台北市新生南路 3 段 88 號 5 樓之 6
電話：02-23660309
傳真：02-23660310
網址：http://www.ycrc.com.tw
印　刷　所／政鑓實業股份有限公司
地址：桃園縣桃園市大同西路 23 號
電話：03-3356206
版　　　次／2000 年 8 月初版
定　　　價／新台幣　300 元
ISBN　957-41-0461-3

國家圖書館出版品預行編目資料

國防政策與國防報告書／羅慶生著--初版
--「臺北縣新店市」：羅慶生出版：臺北市
：揚智總經銷，2002〔民91〕
面：　　公分
參考書目：　　面

ISBN 957 41 0461-3〔平裝〕
1.國防　臺灣　　2.國家安全－政策

599.8　　　　　　　　91014336